絵で見るシリーズ

調べてなるほど！
果物のかたち

絵と文
植物イラストレーター
柳原明彦

監修
京都大学大学院農学研究科教授
縄田栄治

はじめに

　絵かきのくせに、本が書けるほど果物のことにくわしいのか、だって？　ちがうんだ。この本は、ぼく１人で作ったのではない。農学者の縄田栄治先生や、出版社の人たちと協力して、みんなで作ったんだ。ぼくはイラストと語りを担当しただけだ。

　イラストレーターは、同じ絵かきでも、ピカソやセザンヌのような画家とはだいぶちがう。何かのかたちや色を、その通り絵にして、正しく伝えるのが仕事だ。だから、その何かをよく知らないと描けない。例えばいちじくなら、調べると実の中にあるつぶつぶが花だとわかる。だったら、実を描くとき半分に切ったのも描いて、中を見せないとな、となる。

　こうしていろいろ調べていると、人間が大昔から果物とどう関わってきたのかも、わかってくる。例えば、野生だったいちじくを、だれがいつ、どこで畑で栽培しはじめたか、などだ。人間と果物の関わりかたが、果物そのものの話と同じぐらいおもしろいので、じゃあその話も入れようということになったんだ。

　さて、果物の話だけど、何からはじめようかな。果物といえばまずりんごだ。ついでに木に実る果物のことを一通り話して、つぎに野菜のように草に実る果物、そして暑い国々でとれる果物だ。それぞれの果物の収穫量も調べておいたから、日本と世界の国々の収穫量をくらべてみるとおもしろいよ。日本の農林水産省と、国際連合の食糧農業機関（ＦＡＯ）の統計を引用したから、数字はたしかだ。ただし、収穫量が少なすぎて、統計が見当たらない果物もある。

　この本に出てくるのは、ほとんどがみんながよく知っている果物だよ。でもね、よく知っているようで知らないことが、大人でも案外ある。「へえー、なるほど。それは知らなかった」と思ってもらえたら、縄田先生もぼくも、この本を作った人たちみんな、とてもうれしい。

植物イラストレーター
柳原 明彦

監修のことば

　この本は、以前に出版された『野菜のかたち』と同様、柳原明彦さんが絵を描き文章を書いてできたものです。柳原さんは、それぞれの果物を細かく観察して、外観だけでなく構造や組織も調べて、構造や組織がわかりやすいように、工夫して果物の絵を描いています。また、果物そのものだけでなく、どういう木になっているかとか、どんなふうに枝になっているかなども、きちんと描いていますから、きみたちも果物について知っていることをグンと増やすことができるし、実際の果物の木を見て、果物がなっていなくても、これはりんごの木だよとか、みかんの木だよとか、友達に教えてあげることができます。また、その果物がどこで栽培されるようになって、どうやって日本にやってきたのかとか、日本や世界にどのぐらい種類があるのかとか、いろいろと楽しい役に立つ話も紹介しています。

　柳原さんは、もとは大学の先生ですから、本当は、柳原先生と呼んだほうがいいかもしれませんね。何の先生だったかというと、工業デザインです。この本の絵や文章が、とてもわかりやすいのは、そのせいですね。ただ、柳原さんは、果物は専門ではないので、書いたことが本当に正しいかどうか、私が本の内容の確認を頼まれました。柳原さんといっしょに、本の絵と文章を確認してできたのが、この本ですから、この本はすごくおもしろいですし、きみたちが楽しみながら、さらに勉強にもなること、うけあいです。

　ときどき、私でもよくわからないことがあったので、私の研究室の樋口浩和先生（京都大学大学院農学研究科准教授）にも、確認をお願いしました。樋口先生、どうもありがとうございました。

京都大学大学院農学研究科教授
縄田 栄治

もくじ

りんご	6
なし	10
もも	14
さくらんぼ	18
うめ、あんず、すもも など	22
びわ	26
かき	30
みかん、オレンジ	34
グレープフルーツ	38
レモン など	42
なつみかん、ぶんたん など	46
ぶっしゅかん、きんかん	50
ぶどう	54
キウイフルーツ	58
いちじく	62
ざくろ	66
ラズベリー、ブラックベリー	70
ブルーベリー、クランベリー	74
いちご	78
すいか	82
メロン、まくわうり	86
トロピカルの国々	90
バナナ	92
パイナップル	96
マンゴー	100
アボカド	104
ドリアン	108
マンゴスチン	112
パッションフルーツ	116
ドラゴンフルーツ	120
スターフルーツ	124
ジャックフルーツ	128
ココナッツ	132
パパイア	136

りんご　林檎

バラ科 サクラ亜科 *Malus* 属
Malus domestica 種（西洋りんご）
Malus asiatica 種（和りんご）
英名　**Apple**

ふじ
西洋りんごの品種名。

王林
西洋りんごの品種名。

サンつがる
西洋りんごの品種名。

ゴールデンデリシャス
西洋りんごの品種名。

高坂りんご
和りんごの品種名。

知っているようで知らない話

　りんごを知らない人はいない。でも、りんごのことを本当によく知っているかな。ためしにクイズだ。つぎの4つのうち、りんごが当てはまるのはどれか。1．世界で最も古くから栽培している果物。2．日本人が最もよく食べる果物。3．世界全体の収穫量の半分を中国で作っている果物。4．最も栄養がある果物。どうだい、わかるかな。答えは9ページにある。
　りんごの原産地は、中央アジアのカザフスタンという国のあたりといわれている。そこからヨーロッパと中国の両方に伝わったんだ。中国から日本に伝わったのは8世紀ごろだそうだ。今のりんごとちがって、小さいりんごだよ。「和りんご」といって、今ではほとんど栽培していない。今の大きいりんごは、「西洋りんご」といって、のちに総理大臣になった黒田清隆という人が、明治4年（1871年）にアメリカから75品種もの苗を持ち帰ったのがはじまりだ。それをもとに、各地で本格的な栽培をはじめたのは、1880年代になってからなんだ。意外に新しい果物だね。もっとも西洋りんごは、江戸時代の末にも少しだけど伝わっていたそうだ。

注1：分類名（学名）のうち、属名と種名はイタリック体（ななめ文字）で書くというルールもある。

← 銀色のシート

果樹園のりんごの木
サンふじなどの赤い品種の場合、下からも日光が当たるように、銀色のシートを敷いておくことがある。

種ってなんだ、品種ってなんだ

　左の絵の、ふじや王林などの大きいりんごは、ぜんぶ同じ西洋りんごの仲間だ。「品種」がちがうだけだ。ところが、右下の高坂りんごは、品種ではなく「種」が西洋りんごとちがう。つまり、ふじと王林が兄弟だとすれば、ふじと高坂りんごは、いとこ同士のようなものだよ。え？　品種とか、種とか、よくわからない？　じゃあ、ここで「分類名」の話をしておこう。左のページの、タイトルの下に書いてあるのが、りんごの分類名だ。

　すべての生き物は、世界共通のやりかたで分類名を決めてある。植物も国際植物命名規約という約束があって、DNAを調べたりして分類名を決めるんだ。まず、動物界、植物界など、いくつかの界に大きく分ける。つぎに、**門、綱、目、科、属、種**、と、だんだん細かく分けていく。それぞれをもっと細かく分けることもある。西洋りんごの分類名は「植物界被子植物門双子葉植物綱バラ目バラ科サクラ亜科 *Malus* 属 *Malus domestica* 種」だ。種名の前半分に属名をくり返すというルールがある注1。「山田家の山田花子さん」というのと同じさ。つまり種名がその生物の氏名だ。ラテン語で書いた分類名は「**学名**」とも呼ばれ、全世界で通用するんだ。同じ種の生物をさらに細かく分けたのが**品種**だけど、品種名は学名には入れないことになっている。この本では、属名と種名だけを、ラテン語名で書くことにしたんだ注2。日本語の属名や種名（西洋りんごの場合は、リンゴ属セイヨウリンゴ種）もあるけれど、縄田先生の話だと、日本語の属名や種名は正確ではないことがあるからだ。

注2：ラテン語名の読みかた（発音）は、実際は国によってまちまちで、いろんな読みかたをする。

りんごはなぜ丸い

　かたちの話をしよう。りんごはなぜ丸いのか。あのね、シャボン玉が空中では球になるのと同じ理屈なんだ。同じ体積なら、球が最も表面積が少ない。いいかえれば、同じ分量の材料でいろんなかたちの密閉した入れ物を作ると、球がいちばんたくさんものが入る。ほかのかたちは、無理にものをつめ込むと、球に近づこうとして変形するか、こわれてしまう。でも、球はいくらつめ込んでも変形しない。ガスタンクが球なのもそのためだ。ほとんどの果物が、球かそれに近いのも、自分が作った養分と種を包むのに、無駄がなくて安定したかたちだからだ。じゃあ、バナナはなぜ球ではないのだろう。バナナのほかにも、球とはまったくちがうかたちの果物がある。その話は、それぞれの果物のところで話そう。

原産地	カザフスタン
日本への伝来	（西洋りんご）
	江戸時代末 中国から
収穫期（日本）	8月～11月
収穫量（2013年）	
日本全体	74.2万トン
1 青森県	41.2
2 長野県	15.5
3 山形県	4.7
世界全体	8082.3万トン
1 中国	3968.3
2 アメリカ	408.2
3 トルコ	312.8

自然に育ったりんごの木

りんごの花盛り

　りんごの花は、上の絵のようにつぼみはピンクなんだ。でも開くにつれて、まっ白になる。満開になる4月の末から5月にかけてりんご園へ行くと、畑全体がまっ白になって、すてきな花景色だ。だから公園などに植えて、実を食べるのではなく、花を眺めて楽しむこともある。そんなときは、枝を切らないで自然に育つままにしておくから、見事な大木になる。さくらも美しいけれど、りんごの花盛りも負けていない。

　ところで、りんごにまつわる言い伝えがたくさんあるんだ。有名なのは、アイザック・ニュートンの話、ウイリアム・テルの話、アダムとイブの話などだ。でも、どの話も事実かどうかはわからないそうだ。ニュートン（1642～1727年）は有名なイギリスの物理学者だ。1665年に、りんごが落ちるのを見て万有引力の法則を発見したといわれている。そのりんごの木は枯れたけれど、接ぎ木で育てた子孫が世界各地で生きている。日本にもあるよ。1964年に、イギリスから接ぎ木をした苗木をもらって、東京の小石川植物園に植えたんだ。「ケントの花」という、古い品種だ。実は小さくて、おいしくないそうだよ。おまけに、熟すと引力で全部落ちてしまうんだってさ。

クイズの答え：3.　　1．いちじく（62ページ）　2．バナナ（92ページ）　4．アボカド（104ページ）

なし 梨

バラ科 サクラ亜科 Pyrus 属
Pyrus pyrifolia 種（和なし）
Pyrus communis 種（洋なし）
Pyrus bretschneideri 種（中国なし）
英名 Nashi、Sand pear（和なし）
　　 Pear（洋なし）
　　 Chinese pear（中国なし）

ラ・フランス（洋なし）
幸水（和なし）
バラード（洋なし）
二十世紀（和なし）
やまなし（和なし）

ばらの仲間たち

　なしは「ばら」の仲間だ、なんていうと、そんなのうそだ、と思うだろうなあ。じつはね、りんご、なし、桃、さくらんぼ、梅、びわ、いちご、みんな「ばら」の仲間なんだ。

　日本でなしを食べはじめたのは、弥生時代（紀元前３世紀〜紀元後３世紀）ごろといわれている。りんごとちがって、ずいぶん古い果物なんだよ。中国から伝わったと考えられていて、静岡県にある登呂遺跡という有名な集落あとから、なしの種がたくさん見つかっている。

　江戸時代には、日本各地でなしの栽培が盛んになり、100を超す和なしの品種があったんだ。明治時代には、「二十世紀」や「長十郎」という、和なしのおいしい品種が偶然発見されて、日本のなしの主流になる。でも、20世紀後半になると、品種改良で作った「幸水」などの、大きくて甘い品種がそれにとってかわる。品種改良とは、性質のちがう親同士をかけ合わせたり、枝がわり注という現象を利用したりして、性質のすぐれた新品種に作り変えることだ。

注：枝がわりとは、突然ちがう性質の実がなる枝が生えること。

新高(和なし)

なしの花

レッド・バートレット(洋なし)

なしの花も美しい

　なしは大きく分けて3種類ある。和なしと洋なしと中国なしだ。品種ではなく、それぞれが別の種なんだ。品種と種のちがいは、りんごのところ(7ページ)で話したから、わかるね。和なしと西洋なしのちがいは、かたちを見ればすぐにわかる。絵のように、くびれたところがあるのが西洋なしだ。味も食感も、和なしとはちがう。中国なしの話は、13ページでしよう。

　なしの木も、りんごの木のように、自然の中で育つと、立派な大木になる。4月の花のころには満開の花で大きな木がまっ白になって、思わず見とれるほど見事だ。なしの花も、満開のさくらに決して負けていないよ。そのかわり、自然に育った大木の実は、小さくて、食べてもあまりおいしくない。

　長野県へ旅行をしたときに、山の中で「やまなし」の木を見つけたことがある。やまなしは和なしが野生化したといわれていて、日本の各地に自生しているんだ。そのときも満開の花でまっ白で、すてきだった。秋には実がなると聞いたので、また行ってみた。高い木のまわりに小さな実がたくさん落ちていて、ためしに食べてみたら、ちょっと渋かったけれど、とてもおいしかったよ。だから持って帰ってジャムにしたんだ。でもね、あとでそのことを村の人に話したら、あんなものを本当に食べたのかって笑われたよ。村の人たちは食べないんだ。

棚仕立ての
なし畑

手間のかかる果物

　りんごやなしを育てるのはとても手間がかかるんだ。まず、せん定といって、春先に元気な枝を残して切りつめる。木が高すぎたり樹形が悪いと、いい実がならないし、作業もしにくいからだ。なしの場合は、手がとどく高さにワイヤーを張りめぐらせて、「棚」を作り、そこに枝をはわせることが多い。それから、りんごの花もなしの花も、ふさになって咲くから、実がつきすぎると大きい実にならない。だから摘花といって、ふさの中の1輪を残してつみ取る。ほとんどの品種は、別の品種の花粉でないと実がならないから、ほかの木の花粉を集めたり、ときには種苗会社から花粉を買って、綿棒などで1輪ずつつけることもあるよ。花が終わったあとは、摘果といって、いい実だけを残してあとはつんでしまう。実が育ってきたら、病気や虫くいを防ぐため、1つずつ紙の袋をかぶせることもある。りんごの赤い品種の場合、日光を当てるために、途中で袋をはずす。そして、まんべんなく赤くなるように、ときどきまわして向きを変える。下からも日光が反射して当たるように、7ページの絵のように、りんごの木の下に銀色のシートを敷いておくこともあるんだ。いやあ、たいへんだね。

原産地	中国（和なし）
日本への伝来	（和なし）
	弥生時代ごろ 中国から
収穫期（日本）	7月末〜10月
収穫量（2013年）	
日本全体（和なしのみ）	26.72万トン
1　千葉県	3.69
2　茨城県	2.80
3　鳥取県	2.01
世界全体	2507.4万トン
1　中国	1730.1
2　アメリカ	79.6
3　イタリア	74.3

中国なし

　中国なしは、日本ではほとんど栽培していないよ。でも、中国ではとても人気のある果物だそうだ。中国なしにもいろんな品種がある。洋なしのようなかたちの品種や、和なしのようなかたちの品種があって、食感はどれも和なしに似てしゃりしゃりしている。

　ところで上の絵を見て、これはなんだと思うだろう。中国ではこんなかたちのなしを売っているそうだ。透明なプラスチックで作ったこんなかたちの型があって、なしの実がまだ小さいときから型にはめて育てる。前後2つに分かれるようになった透明なケースのようなものだ。実が大きくなるにつれてこうなるんだ。ほかにも仏像などいろんな型がある。りんごやももは型にはめてもこうはならないよ。球になろうとする力が強いからだ。なしはどんなかたちにもなれる適応力を持っているんだ。でもね、これを見てどう思う？　ぼくはなしがかわいそうだと思うな。どうせ人間が食べるにしてもだ。なしにはなしの、自然なかたちがよく似合う。

　日本にも、型にはめて作った四角いすいかがある。食べるのではなく、飾って楽しむために作っているんだ。くわしいことは、すいかのところ（85ページ）で話そう。

もも 桃

バラ科 サクラ亜科
Amygdals 属
Amygduls persica 種
英名 **Peach**

あかつき

黄桃
皮だけでなく、
中まで黄色い。

ネクタリン
これも桃の一種。
実の表面にふつうの
桃のような毛がない。

中国生まれの中国育ち

　桃の原産地は、中国の北西の高原地帯といわれている。その桃が、今から2400年ほど前に、シルクロードを通ってヨーロッパに伝わったんだ。学名のペルシカは、シルクロードが通っていたペルシャという国の名前からとったんだ。日本では、縄文時代（今から約1万5000年前〜2300年前）の遺跡から、なんと1万年以上前の桃の種が出土している。でも、それが中国から伝わったのか、もともと日本にあったのかはわからないそうだ。その後いろんな桃が中国から伝わったけれど、そのころの桃は今ほど大きくも甘くもなかったんだ。だから食べるためではなく、薬として栽培したのだろうという説もある。

原産地	中国
日本への伝来	弥生時代 中国から
収穫期（日本）	6月末〜8月
収穫量（2013年）	
日本全体	12.47万トン
1　山梨県	3.91
2　福島県	2.93
3　長野県	1.54
世界全体	2163.9万トン
1　中国	1192.4
2　イタリア	140.2
3　スペイン	133.0
世界統計はネクタリンを含む。	

白桃
日本の桃の元祖。
主に岡山県で
栽培している。

桃の花

すももはももか
「すもももももももものうち」という言葉遊びがある。すももと桃は同じ仲間だという意味だ。でもね、じつはそうではないんだ。すももは桃の仲間ではなくて、梅やあんずの仲間だよ。

今のような桃が中国から伝わったのは、明治時代（今から140年ほど前）になってからだ。上海水蜜桃、天津水蜜桃、蟠桃、という3種類の桃の苗を輸入して、そのうちの上海水蜜桃を品種改良したのが、みんなが食べている大きくて甘くてジューシーな桃だよ。天津水蜜桃と蟠桃は、今はほんの少ししか栽培していない。天津水蜜桃は、今の桃とちがって先がとがっていて、中は濃いピンクだ。蟠桃は、「平桃」とも呼ばれて、上から押しつぶしたようなへんなかたちの桃だよ。「蟠」はかがんでうずくまるという意味の、あまり使わない漢字だ。ねこがこたつで丸くなっているようにも見えるよ。天津水蜜桃と蟠桃の絵は、16ページにある。

蟠桃(ばんとう)

天津水蜜桃(てんしんすいみつとう)

種(たね)のはなし

　桃の実の中には、絵のような大きくてかたい種が1つ入っている。種の中にはアーモンドのようなかたちの「仁(にん)」というものが入っていて、時期がくると、その仁から新芽が出てくる。不思議なのは、かなづちでたたいてもなかなか割れないかたい種が、芽を出すときには自然に2つに割れることだ。動物が実を食べても、かたい種は消化されずにふんといっしょに出る。やがて自分で割れて芽を出す。こうして新しい土地で新しい世代が生きのびる。じつにうまくできているんだ。種はいのちのタイムカプセルなんだよ。

　「桃栗三年柿八年、梅はすいすい十三年、梨の大馬鹿十八年」という古い言い伝えがある。種をまいてから実がなるまでに、これだけかかるという言い伝えだ。桃はたったの3年で実がなるんだ。柿八年のあとに、ゆずやびわやりんごが出てくるいいかたもあるし、年数も地方によってちがう。実際には、果物を食べたあとでその種をまいても、食べたのと全く同じ果物ができることはほとんどない。縄田先生に聞くと、植物の受粉や遺伝のしくみの関係でそうなるのだそうだ。だから、農家や種苗会社で今あるのと同じ品種の木を増やすときは、種をまくのではなく、「接ぎ木」や「挿し木」という方法で増やす。品種改良をするときだけ、人の手で受粉させて作った種を使うんだ。でも、それだととても時間がかかるので、品種改良には、突然ちがう性質の実がなる枝が生える、「枝がわり」という現象を利用することも多い。

桃太郎のもも

　左はしの先のとんがった桃の絵を見て、なんだこれ、桃太郎の桃じゃないかと思うだろう。これはさっき話した天津水蜜桃だよ。右上のたいらなのは、蟠桃だ。

　桃太郎は知っているよね。日本人ならだれもが知っている昔話だ。その桃太郎の絵本には、かならず先のとんがったかたちの桃が描いてあるね。みんなが食べている今の桃は、あんなにとんがっていないのに、なぜだろう。

　桃太郎の話は、14世紀から15世紀ごろに作られたのだろうといわれているけれど、いろんな説があって、はっきりしないんだ。話そのものもいろんなすじ書きのがあって、話し出したらきりがない。中には実在した人物や事件がもとになっている話も、日本各地に伝わっている。岡山県に伝わる、犬と猿ときじを家来にして鬼退治に行く話がいちばん有名だけど、奈良県の田原本町というところでも、桃太郎はここで生まれたんだといって、桃太郎のキャラクターを作って日本中に宣伝している。その田原本町では、「古代桃」つまり大昔に中国から伝わった桃の子孫だという桃を育てているんだ。それを見ると、やっぱりとんがっている。それから、江戸時代の「桃太郎絵巻」という、今の絵本に当たる巻物にも、とんがった桃が描いてある。さらに、1000年以上も前からある日本の家紋の中にも、桃の家紋があって、全部とんがっているんだ。ということは、昔の桃は、みんなとんがっていたんだ。だから絵本もそうしたんだよ。

　おいしい海苔のつくだに、「ごはんですよ！」で有名な桃屋のマークも、とんがった桃だ。1920年に会社を作った小出さんという人が、上海の学校にいたことがあり、中国では桃が不老長寿やよいことのシンボルだと知っていて、このマークに決めたそうだよ。中国でも桃の絵はみんなとんがっているそうだ。でも、小出さんがなぜ桃を下向きにしたのかは、古い社員でもわからないそうだ。桃が木に実っているときはこの向きだからだよ、きっと。むしろこっちが本当で、日本中のとんがった桃の絵はさかさまだと思うよ。

桃の種
中に仁がある。
新芽は仁から出てくる。

桃屋のマーク

さくらんぼ　桜桃

バラ科 サクラ亜科 *Prunus* 属
Prunus avium 種
英名　Cherry、Wild cherry
　　　Sweet cherry

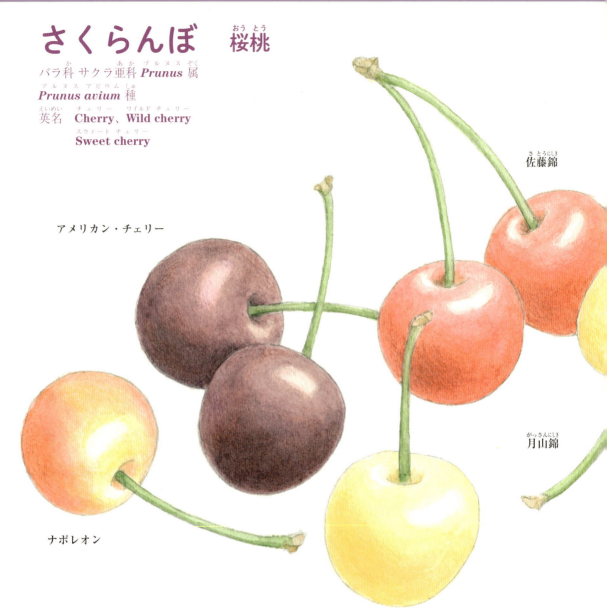

アメリカン・チェリー
ナポレオン
佐藤錦
月山錦

ややこしい名前の話

　日本で「さくら」といえば、さくらの花のことだ。食べるさくらの実のことを話すときは、「さくらんぼ」といわなければならない。果物屋へ行って「さくらください」なんていう人はだれもいない。あたりまえだ。でもね、英語で「さくら（チェリー）」といえば、さくらんぼのことなんだ。果物屋で「さくらください」っていうんだよ。じゃあ、さくらの花の話をするときはどういえばいいのかというと、「さくらの花（チェリー・ブロッサム）[注]」と、わざわざ花（ブロッサム）をあとにつけるんだ。そういわないと、話が通じないよ。つまり、日本では「さくら」は花で、欧米では「さくら（チェリー）」は果物なんだ。

　さくらんぼは、美しい花を咲かせるあの花のさくらの実ではない。同じプルヌス属だけど、その下の種がちがう。プルヌス・アビウム種といって、プルヌス・セルラータ種などの、花のさくらとは別の種なんだ。でも、さくらんぼの花も、さくらの花と同じように美しいよ。

注：blossom は、樹木、主に果樹の花を指す。パンジーなど草の花は flower または bloom。

原産地	カザフスタン
日本への伝来	江戸時代末 中国から
収穫期（日本）	6月〜7月

収穫量（2013年）

日本全体	1.81万トン
1　山形県	1.35
2　北海道	0.14
その他	0.32
世界全体	229.5万トン
1　トルコ	49.4
2　アメリカ	30.1
3　イラン	20.0

さくらんぼの花
さくらんぼの花はさくらの花にとてもよく似ていて、ちょっと見ただけでは見分けられない。「さくら」にはちがいないからあたりまえだけどね。4月の中ごろ、さくらんぼを育てている農園を訪ねると、さくらの花の名所に負けない、すてきな花見を楽しむことができるよ。

　さくらんぼの「んぼ」は、「ん坊」が短くなった言葉で、「〜の坊や」つまり男の子を意味する言葉なんだ。くいしんぼ、かくれんぼ、あめんぼ、みんなそうだ。でもね、さくらんぼの収穫量がダントツで1位の山形県へ行くと、農家では「さくらんぼ」とはあまりいわないよ。「桜桃」というんだ。つまり「さくらもも」だよ。山形県では、農家が出荷するさくらんぼの箱に「桜桃」と書いてある。だから「さくらんぼ」という言葉は、「さくらもも」が変化したという説もある。本物の桃にいわせたら、おまえなんか桃じゃないよというだろうけれどね。
　これとは別の話で、さくらんぼの木を「せいようみざくら」という和名（日本語の名前）で呼ぶことがあるよ。あまり聞かない名前だね。でも、植物図鑑や植物の本にはかならず書いてある、プルヌス・アビウム種の、日本語の分類名だ。漢字で書くと、「西洋実桜」だ。それにしても、植物の名前って、どうしてこんなにややこしいのだろうね。

古代ローマ人も食べていた

　今、世界中の人が食べているプルヌス・アビウム種（せいようみざくら）のさくらんぼは、ヨーロッパの西部から今のイランのあたりに生えていた野生のさくらんぼを、作物として育てはじめたと考えられているんだ。古代ローマ人がそのさくらんぼをローマに持ち帰ったという文献が残っている。それがヨーロッパ中に伝わって、やがて世界中に広まったんだ。中国にもちがう種類のさくらんぼが古くからあって、日本にも伝わったけれど、今は少ししか栽培していないよ。今みんなが食べているせいようみざくらが日本に伝わったのは、明治時代のはじめなんだ。ドイツ人が苗を持ち込んで北海道に植えたそうだ。でもね、今さくらんぼをいちばんたくさん栽培しているのは、北海道ではなく、山形県だよ。日本のさくらんぼの7割以上が、山形県で生産されているんだ。

　日本全国の都道府県や、市区町村で、「県の木」や「市の木」が決められている。山形県の県の木は、さくらんぼだ。ついでに、東京都の「都の木」はいちょうだ。東京都のマークにもなっている。ところが、大阪府の「府の木」もいちょうなんだ。けんかにならないのかなあ。きみが住んでいる県の木は、なんだろうね。調べてみると、おもしろいよ。なぜその木が県の木に選ばれたのかも調べると、もっとおもしろいんだ。

さくらんぼの種

種とばし

　さくらんぼを食べたあとで、口の中に残った種をプッとふき出すと、遠くまでよく飛ぶよ。すいかの種もよく飛ぶけれど、さくらんぼは、すいかどころではない。こんど食べたあとで、やってみるといい。おもしろいよ。

　じつはね、さくらんぼの種とばし世界選手権大会があるんだ。アメリカのさくらんぼ産地のミシガン州で、毎年7月にやっている。1974年にはじまったこの大会に、世界中から力自慢、いや、口自慢が集まって、国際的に決められたルールに従って、種を飛ばすんだ。これまでに出た世界記録は、アメリカ人のブライアン・クラウスさんが2005年に出した、28.51メートルだよ。なんと、小学校や中学校によくあるふつうのプールのはしからはしまでより長いんだ。いろんな世界一の記録を集めた「ギネスブック」にも、クラウスさんが世界一と書いてある。クラウスさんのお父さんも、若いときに世界記録を出したそうだよ。

　世界大会は日本でもやっているよ。2015年に、山形県の寒河江市で開かれた世界選手権大会には、1723人が参加して、さくらんぼ種とばし大会の参加者数の世界記録としてギネスブックに認められたんだ。そのとき優勝した日本人の記録が11.19メートルだから、クラウスさんがいかにすごい人かということがわかる。いやあ、世界にはおもしろい競技があるね。

　ただし注意しておくことがある。口に入れたさくらんぼの種をかんだらだめだよ。種の中にある「仁」というやわらかいところには、アミグダリンという成分が含まれていて、胃の中で青酸（シアン化水素）という毒に変わるからだ。さくらんぼだけではないよ。りんごや桃や梅など、バラ科の植物の仁には少しずつだけど含まれている。2、3粒食べたぐらいでは、なんともないか、おなかがおかしくなる程度だけど、たくさん食べると死ぬこともあるんだ。

うめ 梅、あんず 杏子、すもも 李 など

バラ科 サクラ亜科 *Prunus* 属 *Prunus mume* 種 など
英名 **Japanese apricot**（うめ）、**Plum**、**Prune** など

プラム

あんず（アプリコット）

すもも

梅

梅の仲間たち

　梅の仲間も、種類が多い。じつは、さっき話したさくらんぼも、同じプルヌス属だ。だから本当はさくらんぼもここに入れるべきなんだ。絵が多すぎるから別にしただけだよ。

　それにしても、果物って、なぜこんなに丸いかたちが多いのだろうね。絵を描いていても、描き分けるのに苦労する。例えば、上のあんずの絵と、14ページの黄桃の絵を、ほかのものは描かずに、2枚の画用紙に1つずつ描いたら、どっちがどっちの絵だかわからないよ。

　そのちがいを出す秘密を、ここで教えてしまおう。まず、みんなが知っているものと並べて描く。梅を知っている人は多いから、梅と並べるとあんずのおおよその大きさがあらわせる。黄桃は、知っている人が多い白桃と並べて描く。梅が白桃より小さいことを知っている人は多いから、両方のページをくらべると、あんずのほうが黄桃より小さく見えるんだ。さらに、光りかたのちがいを描く。黄桃の表面には細かい毛が生えていて、ぜんぜん光らない。だから黄桃は光が当たっているところ（ハイライトという）をぼんやりと描く。あんずは黄桃にくらべるとつるんとしていて、少しだけ光る。だからあんずのハイライトはくっきりと白く描く。すると両方の「はだ」のちがいがあらわせる。こうして似たもの同士を描き分けるんだ。

原産地（うめ）	中国
日本への伝来	奈良時代 中国から
収穫期（日本）	5月末～6月
収穫量（2013年）	
日本全体（うめ）	12.37万トン
1 和歌山県	7.90
2 群馬県	0.56
3 福井県	0.21
世界全体	411.1万トン
1 トルコ	81.2
2 イラン	45.7
3 ウズベキスタン	36.5

世界統計は梅とあんずの合計。

プルーン

梅の花

世界のすももさん

「すもも」を漢字で書くと「李」だ。「李」は中国や韓国やベトナムなどにとても多い名字でもあるんだ。中国では「李さん」が9700万人もいるそうだ。なんと、日本の人口の8割が「すももさん」ということになる。韓国でも、「李さん」注は、最も多い5つの名字のうちの1つだ。日本のプロ野球の外国人選手の中にも、引退した選手を入れると、「すももさん」が13人もいる。アメリカやヨーロッパに住んでいる「Liさん」や「Leeさん」たちを含めると、すももさんは世界でいちばん多い名字だそうだ。日本でいちばん多い名字は知っているかな。佐藤さんだ。2位は鈴木さん、3位は高橋さん、4位は田中さんだよ。

中国には、「瓜田に履を納れず、李下に冠を正さず」という古いことわざがある。日本でも大人がいうことがあるよ。「うり畑でくつをはきなおすな、すももの木の下でぼうしをかぶりなおすな」という意味だ。うり畑でくつをはきなおすと、うりを盗んだと疑われる。すももの木の下でぼうしをかぶりなおすと、すももを盗んだと疑われる。例えそのつもりはなくても、人に疑われるようなことはするなということだよ。例えばテストのとき、首や肩がこっても、頭をぐるぐるまわしたりするな。隣の子の答案をのぞき見たと疑われるぞ、っていうことさ。

注：韓国では「李」を「イ」と発音するのがふつう。まれに「リ」と発音することもある。

あんずの花
あんずの花は、梅の花より
たくさん集まって咲く。

梅の花とあんずの花

　梅の仲間の花は、1輪だけを見ると、どれもよく似ている。でも枝ごと見ると、ちがうよ。梅は、1輪ずつばらばらに咲くけれど、あんずの花は、かたまって枝いっぱいに咲く。離れて見ると、梅はちょっとひかえめな感じだし、あんずははなやかだよ。日本画には、昔から梅を描いた絵が多い。中国の水墨画の影響もあるけれど、日本人は、その「ちょっとひかえめ」が好きだからだろう。でもね、花梅といって、実を育てるのではなく、花を眺めて楽しむ梅は、もっとはなやかだ。とくに「紅梅」という、赤や濃いピンクの品種、その中でも、八重咲きの紅梅は、これでも梅かと思うほど、ものすごく派手なんだ。縄田先生の話だと、梅とあんずの雑種もたくさんあるそうだから、梅だと思っても、あんずなのかもしれないね。

梅干し

梅はすいすい

　梅の実は、たとえ木で黄色くなるまで熟したのでも、とてもすっぱくて生では食べられない。このすっぱい成分は「クエン酸」といって、レモンやみかんなどのすっぱい果物にも含まれている。人工的に作れて、すっぱい飲み物や食料品に使うほかに、薬の原料にもなる大切なものなんだ。クエン酸を買ってきて、水に混ぜて砂糖を入れると、レモンジュースみたいだよ。

　熟していない緑色の実のことを、「青梅」というんだ。青梅は、まちがっても生で食べらだめだ。さくらんぼのところ（21ページ）で話したアミグダリンが、種の中の仁だけでなく、果肉（実のやわらかいところ）にも含まれているからだ。でもね、アミグダリンを毒に変える酵素は、時間がたつと実の中で消えてしまうから、梅干しや、ジャムや梅酒にして食べれば、だいじょうぶなんだ。梅干しの種の中の仁も食べられる。「天神様」っていうんだ。子どものころ、梅干しの種には天神様が入っているから、捨てるとばちが当たるぞといわれたものだ。ビタミンBや、胃薬に似た成分などが含まれていて、とても体にいいそうだし、おいしいよ。ただし、種を力いっぱいかんで割ると、歯が欠けることがある。

　梅干しは、大昔からある保存食だ。紀元前200年ごろの中国の遺跡から、梅干しを入れたと思われるつぼが出土しているんだ。当時は梅干しを、食料品として作ったのではなく、漢方薬として作ったのだろうと考えられている。それがいつか日本に伝わったんだ。今、スーパーで売っている梅干しは、半年ぐらいしか持たないけれど、昔のやりかたで作った梅干しは、100年たっても食べられるそうだよ。そのかわり、今の梅干しのようにやわらかくはない。

　ところで、熟していない梅の実は緑色なのに、なぜ「青梅」っていうんだろう。梅だけではない。本当は緑色なのに青という言葉は、たくさんある。青葉、青のり、青信号、青がえる、青虫、青汁。みんな緑色なのになぜだろう。じつはね、昔の日本には、「緑」という色の名前そのものがなかったんだ。緑色から青にかけての広い範囲の色を、ぜんぶ「青」と呼んでいたんだ。それが今も残っているんだよ。日本語だけではない。中国語をはじめ、世界中に緑色を青と呼ぶ言葉がたくさんあるそうだ。英語はちゃんとグリーンとブルーに分けてあるよ。

25

びわ 枇杷

バラ科 *Eriobotrya* 属
Eriobotrya japonica 種
英名 Loquat、Japanese medlar

びわと琵琶

　正倉院という、1200年以上も前の美しい建物が奈良県にある。建物自体が国宝で、国宝級の美術工芸品がたくさん入っていた[注]。その中に、中国から伝わった「琵琶」という楽器がある。それが、果物のびわを絵のようにたてに半分に切ったかたちにそっくりなんだ。だから琵琶は果物のびわを見てつけた名前だという人がいる。逆に、果物のびわが、琵琶を見てつけた名前だという人もいる。果物のびわのことを、中国のある地方の言葉で「ピパ」という。琵琶も、中国のほかの地方で「ピーパー」という。だからだっていうんだ。でもね、どうやらそうではないらしいんだよ。関係はないという人もたくさんいて、本当のことはわからない。

　びわは葉っぱのかたちもおもしろい。木の葉にしてはとても細長くて、ごわごわしていて、表面が葉脈にそって波打っている。まるで空気マットみたいだ。葉っぱのうらには、赤茶色のこまかい毛がびっしり生えている。落ちてほかの木の落葉とまざっても、すぐにわかるんだ。常緑樹だから、まとまって落ちることはないけれどね。

　常緑樹って難しい言葉だね。冬でも緑色の葉が茂っている木のことだ。松や杉などの針葉樹（葉が針のようにとがっている木）は、ほとんどが常緑樹だよ。でも、常緑広葉樹といって、びわのように葉が平らな木の中にも、常緑樹がたくさんある。りんごやさくらや梅のように、冬には葉が落ちてはだかになってしまう木のことは、落葉樹というんだ。

注：現在は、美術工芸品は別の安全な建物の中で保管されている。

びわの花
びわの花は、絵のようにごちゃごちゃとかたまって咲く。花を支える「がく」は、つぼみのときから葉のうらと同じような赤茶色のこまかい毛でおおわれている。

薬になる葉っぱ

　びわの葉は、お茶のかわりになるんだ。びわ茶といって、日本でも昔から飲まれているよ。いい茶葉を育てるために、実がならないようにして、葉だけを大事に育てている農家もある。おいしいお茶というだけではなく、薬にもなるんだ。

　びわの葉はいろんな病気にきくといわれ、大昔から薬として使われてきたんだ。インドではおしゃかさまの時代から薬になることが知られていて、仏教の古い経典に、びわの木のことを「大薬王樹」つまり薬の王様の木と書いてある。びわの原産地の中国でも、大昔から漢方薬の大事な材料として使われてきたんだ。日本には、奈良時代（710〜794年）に、鑑真という有名な中国のお坊さんが伝えたといわれている。あちこちのお寺の庭に植えて、人々の病気をなおしたという話が伝わっているんだ。西洋医学が発達した今でも、使っている人がたくさんいるよ。葉を煎じてお茶のように飲んだり、ばんそうこうのように体に貼ったりするんだ。

　びわもバラ科だから、葉や種には、前にも話したアミグダリン（21ページ）や、クエン酸（25ページ）などが含まれている。だから迷信やおまじないではなく、本当にきくそうだよ。だから、漢方医の中には今でも使っている医者がいるし、インターネットでも、漢方薬として葉っぱのかたちのまま売っているよ。え？　どんな病気にきくのかって？　そう聞かれても困るなあ。あれにもこれにもきくといわれていて、効能が多すぎてよくわからない。

原産地	中国
日本への伝来	奈良時代以前
栽培種は江戸中期　中国から	
収穫期（日本）	4月〜6月
収穫量（2014年）	
日本全体	4510トン
1 長崎県	1470
2 千葉県	503
3 鹿児島県	474
世界全体	統計がない

びわの木
びわの木は、自然に任せると、絵のように10メートル前後の大木になる。これでは手入れができないので、果樹園では毎年枝を切りつめるんだ。

食べるところ、捨てるところ

　びわは、種がすごく大きいよね。だから、食べるところが少ないと、だれもが思っている。お店では目方で買うから、捨てるところにお金を払っているような気がして、損をした気分になるんだ。バナナのように種がない果物は、たくさん食べられるから、得をした気分になる。ところがちがうんだ。本当はびわよりバナナのほうが捨てる量が多い。意外だろう？

　「食品の廃棄率」という数字がある。スーパーなどで買ってきた肉や魚、野菜や果物などの骨や皮や種など、食べる前に捨てるところの重さが、全体の重さに占める割合を示す数字だ。例えば、キャベツは0％、つまり捨てるところがない。畑に生えているときの、まわりの葉や根は、計算に入れないんだ。

　果物の中で、廃棄率が最も高い果物、つまり捨てるところが最も多い果物は、何だと思う？マンゴスチン（112ページ）だ。廃棄率が約70％、つまり食べるところが全体の30％しかない。マンゴスチンに続いて、さんぽうかん、ぶんたん、夏みかん、パイナップル、メロンなどが、

注：農林水産省〔http://www.maff.go.jp/j/shokusan/recycle/syoku_loss/〕食品ロスの現状（フロー図）、

← ものさしのかわり

　約55%から45%の間に並んでいる。いよかん、バナナ、バレンシアオレンジ、すいか、うり、はっさく、パパイア、ドラゴンフルーツ、ぽんかん、マンゴーが、約40%から、約35%だ。メロンは意外に多いんだなあ。かんじんのびわは、グレープフルーツと並んで約30%なんだ。バナナの約40%より、捨てるところが10%も少ない。考えてみると、バナナの皮って意外に重いからね。りんご、なし、桃、梅、柿、ぶどうなどは、約15%と少ない。いちごは約2%。捨てるのはへただけだ。いちばん少ないのは、ブルーベリーとラズベリーの0%だ。

　ちなみに、日本人1人あたりの「食品の廃棄率」は、ダントツで世界一だ。家庭で捨てる分だけで870万トン、このうち302万トンが、まだ食べられるのに捨てられているんだよ注。レストランやコンビニなどで売れ残ったり、スーパーなどで賞味期限切れで捨てたりしている分は、含まれていないんだ。あきれるね。もっと食べ物を大切にするように、みんなで考えなくちゃ。

平成25年度推計値より。

かき 柿

カキノキ科 **Diospyros** 属
Diospyros kaki 種
英名 Persimmon、Kaki

次郎（甘柿）
筆柿（甘柿）
富有（甘柿）
四つ溝（渋柿）

果物の日本代表

　柿は、日本を代表する果物だ。学名が「kaki」だし、日本の「国果」注でもある。ところが、原産地は日本ではなく、中国という説もある。日本では縄文時代（約1万年前〜紀元前10世紀）の遺跡から柿の種が出土しているけれど、中国にはもっと古くからあったらしい。じゃあなぜ日本の果物かというと、1214年、今の神奈川県川崎市で、突然変異でできた甘柿が発見されたんだ。世界ではじめての甘柿だよ。それまでの世界中の柿は、ぜんぶ渋柿だったんだ。その後日本で品種改良が進んだおいしい甘柿が、16世紀から19世紀にかけて、ヨーロッパやアメリカをはじめ世界中に伝わったんだ。だから学名が日本語の「kaki」になったんだよ。

　柿が渋いのは、タンニンという化学物質が含まれているからだ。でも甘柿はタンニンが水に溶けない状態に変化して、食べても舌が渋いと感じないんだ。渋柿も、干し柿や「たる柿」にすると、タンニンが水に溶けない状態になって、甘くなる。木にぶらさがったままやわらかくなるまで完全に熟すと、渋みが消える渋柿もあるよ。

注：国旗や国歌のように法律で決めたのではなく、辻嘉一さんという日本料理の名人がいい出した。

甲州百目(こうしゅうひゃくめ)（渋柿(しぶがき)）

雌花(めばな)

雄花(おばな)

柿(かき)の花
柿(かき)の花は、春に咲(さ)くんだ。ちょっと変(か)わっていて、雄花(おばな)（おすの花）と雌花(めばな)（めすの花）に分かれている。同じ木に、雄花(おばな)が咲(さ)く枝(えだ)と、雌花(めばな)が咲(さ)く枝(えだ)があるんだ。雄花(おばな)は小さく、左の絵のように、たくさん集まって咲(さ)く。一方、雌花(めばな)は大きくて、上の絵のように1輪(りん)ずつ離(はな)れて咲(さ)く。実がなるのは、もちろん雌花(めばな)のほうだよ。花は目立たないけれど、柿(かき)のへた、つまり「がく」が、つぼみのときからはっきり見える。雄花(おばな)から雌花(めばな)まで、昆虫(こんちゅう)が花粉(かふん)を運ぶとき、いい目じるしになるんだ。

31

甲州百目柿
　これは百目柿という柿だ。昔の日本の重さの単位で、百匁（グラムにすると375グラム）もあるので、百目柿っていうんだ。実際は500グラムを超えることもあるそうだよ。日本中で育てているけれど、主な産地としては、甲州（今の山梨県）が有名だ。渋柿だから、干し柿にして食べるんだ。「ころ柿」といって、山梨県の特産品だよ。11月から12月にかけて山梨県の田舎へ行くと、あちこちの農家で、数えきれない数の百目柿を軒下などに吊って干している。思わず立ち止まるほどきれいだよ。わざわざ写真をとりに行く人もたくさんいるんだ。

原産地	中国
日本への伝来	奈良時代以前 中国から
収穫期（日本）	9月末〜11月
収穫量（2013年）	
日本全体	21.47万トン
1 和歌山県	4.82
2 奈良県	2.85
3 福岡県	1.94
世界全体	463.7 万トン
1 中国	353.9
2 韓国	35.2
3 日本	21.5

絵かきのひとりごと

　果物を描くのは、やさしいようで、とても難しい。何がそんなに難しいかというと、動物のような早い動きこそないけれど、果物も立派に生きている。その「生きている感じ」を描くのが、難しい。だからぼくは、果物を机の上に並べて描くよりも、枝についたままのを描くのが好きだ。生きている感じが出しやすいからだ。

　果物を、机の上やお皿に並べて描いた絵を、「静物画」という。でも、ぼくは果物を静物としては描きたくないんだ。果物は生きていて、動きは見えないけれど、生きのびるために、一生懸命やっている。その力強い生命力を絵で表現できたらと、いつも思うんだ。

　この絵は、うまくいったほうだと思っている。百目柿は未熟だと渋いけれど、木でよく熟してやわらかくなると、甘くなる。すると鳥や動物が食べて、種を遠くへ運ぶ。こうして新しい土地で新しいいのちが生まれる。大自然の知恵だ。だから枝先でつぎの世代への準備をしっかりととのえて、鳥が食べてくれるのを、じっと待っている、そういう柿を描きたかったんだ。

　何かを目で観察して、その通り画用紙に描き写すのは、それほど難しくはない。難しいのは「心で見たこと」を描くことだ。枝先の柿を見て、いのちの美しさを感じるのは、心で見ているからだよ。その感じたことを絵で表現しろといわれると、本当に難しい。

みかん　蜜柑、オレンジ
（ミカン類、オレンジ類）

ミカン科 *Citrus* 属 *Citrus unshiu* 種 など
英名　Orange

バレンシアオレンジ

マンダリンオレンジ

温州みかん

ネーブルオレンジ
ネーブルは、英語でおへそという意味だ。花のあとがおへそみたいだからだよ。

ブラッド・オレンジ

みかんは温州

　「みかん」といえば、こたつに入ってテレビを見ながら食べる、あのみかんだよね。あれは「温州みかん」といって、最近までは、日本人がいちばんよく食べる果物だったんだ。温州は中国の地名だけど、原産地というわけではないよ。中国から九州に伝わった小さいみかんが、400年ほど前に、突然変異を起こして生まれたんだ。だから、学名がウンシュウなんだよ。

　日本には、大昔から「たちばな」という柑橘類がある。これを、漢字で「橘」と書くんだ。「柑橘類」の橘だ。お節句のひな飾りの、左側に飾ってある木がそうだよ。これも中国から伝わったといわれているけれど、たしかなことはわからない。みかんのような実がなるけれど、すごくすっぱいそうだよ。だから、昔は漢方薬として使ったのだろうと考えられているんだ。でも、日本ではじめて栽培した柑橘類にはちがいないんだ。

　日本ではじめて、果物として栽培したのは、中国から伝わった「紀州みかん」という種類のみかんだ。でも、明治時代に温州みかんの栽培が盛んになって、紀州みかんは、今はほとんど栽培していない。小さくて、種が多いからだ。お店でよく見かける、和歌山県（昔の紀州）の有名なブランド、有田みかんでさえ、紀州みかんではなく、温州みかんの1品種だよ。

たちばな紋

たちばなは、御所（京都市にある昔の天皇の住まい）に植えたほど格式の高い木で、昔から位の高い家系の家紋に使われたんだ。日本古来の十大家紋の1つで、この絵のほかにも、いろんなデザインのたちばな紋がある。きみのおうちの家紋は何だろう。調べてみるとおもしろいよ。かならずあるはずだ。

柑橘類は大家族

　ミカン科の仲間は、とても種類が多い。品種ではなくて、属や種の話だよ。中でもミカン属（キトラス属）は、あまりにも種が多いので、種を8つのグループ（類）に分けることがある。それにキンカン属とカラタチ属を加えた3属を、まとめて「柑橘類」というんだ[注]。

　柑橘類は、自然界で交雑が起きたり、人間が交配をくり返したりして、種類がこんなに多くなったんだ。わかりやすいように、表を作ってみた。一般名は、晩白柚（ざぼんの1品種名）と、伊予柑、でこぽん（いずれもタンゴールの1品種名）以外は、分類上の日本語の種名でもあるんだ。もちろん、それぞれの種の中には、数えきれないほどの品種やブランドがある。

　この表に従って、今は上のほうにあるミカン類とオレンジ類の話をしているというわけさ。

属　名	グループ名	一般に呼ばれている名前
ミカン属（キトラス属）	ミカン類	温州みかん　紀州みかん　タンジェリン　マンダリン　ぽんかん　たちばな　など
	オレンジ類	バレンシアオレンジ　ネーブルオレンジ　ブラッドオレンジ　ベルガモット　など
	グレープフルーツ類	グレープフルーツ　オランジェロ
	香酸柑橘類	レモン　だいだい　三宝柑　仏手柑　ゆず　すだち　かぼす　ライム　など
	雑柑類	夏みかん　はっさく　など
	ブンタン類	ぶんたん（ざぼん）　晩白柚　など
	タンゴール類	タンゴール　伊予柑　でこぽん　など
	タンジェロ類	タンジェロ　など
キンカン属		きんかん
カラタチ属		からたち

（表の左端、柑橘類が全体にかかる）

注：さらに3属を加えた6属が柑橘類だという学者も、ミカン属だけが柑橘類だという学者もいる。

オレンジも忘れないで

　日本では、みかんといえば温州みかんのことだけど、欧米では、みかんといえばオレンジのことだ。バレンシアオレンジ、ネーブルオレンジなど、いろんな種類がある。バレンシアは、スペインの地中海側の一地方の名前だし、ネーブルは、おへそという意味だよ。花のあとが、おへそに似ているからだ。ブラッド・オレンジという、果肉が血のように赤い種もあるんだ。ブラッドは、英語で血のことだよ。欧米にも、ミカン類のマンダリンやタンジェリンも、あることはあるけれど、あんまり人気がないそうだ。あのね、欧米では、オレンジを皮ごと食べる人がいるよ。にがいと思うんだけどなあ。

温州みかんの木

温州みかんの花
柑橘類の花は、どれも
とてもよく似ていて、
とてもいい香りがする。

← ものさしのかわり

原産地	日本（温州みかん）
日本への伝来	時期は不明だが柑橘類は中国から伝わった。
収穫期（日本）	11月〜12月

収穫量（2013年）

日本全体（温州）	89.59 万トン
1 和歌山県	16.89
2 愛媛県	13.78
3 静岡県	12.18
世界全体	7130.6 万トン
1 ブラジル	757.4
2 アメリカ	187.4
3 中国	130.5

世界統計はオレンジを含む。

グレープフルーツ
（グレープフルーツ類）

ミカン科 *Citrus* 属（ミカン属）
Citrus paradisi 種
英名　Grapefruit

マーシュ

ルビー

ぶどうフルーツ

　グレープフルーツのグレープとは、英語でぶどうのことだよ。木に実っているのを見ると、ぶどうのふさのように見えるからだ。40ページに絵がある。

　グレープフルーツは、1750年代に、カリブ海の西インド諸島にあるバルバドスという国で、最初に発見されたんだ。それをよく調べると、オレンジとぶんたんが自然に交雑して生まれたらしいとわかった。その後、主にアメリカ人が、いろんな柑橘類を交配して、新しい品種をたくさん作った。学名のパラディシは、ラテン語で雑種という意味なんだ。日本で売っているグレープフルーツは、7割以上がアメリカ産だよ。日本でも、九州など暖かい地方で栽培しているけれど、ほとんど出荷していない。だから日本の統計は、どこをさがしてもないんだ。

専用の道具

グレープフルーツを手でむいて食べたことがあるかな。べちゃべちゃになるね。オレンジを皮ごと食べる欧米人でも、さすがにグレープフルーツの皮は食べないよ。そのかわり、昔からグレープフルーツを食べる、いろんな道具を発明してきたんだ。グレープフルーツジュースをうまくしぼる、レモンしぼり器のような道具もあるし、モーターが入った、おおげさな機械もある。下の絵は、世界中で見かける、グレープフルーツ専用のナイフとスプーンだ。メロンやキウイフルーツにも使える。だれが発明したのかは知らないけれど、使い勝手もいいし、作るのも簡単だし、シンプルで、すばらしいデザインなんだ。

原産地	バルバドス
日本への伝来	2000年代にアメリカから苗を輸入して栽培に成功した。
収穫期（アメリカ）	4月〜10月

収穫量（2013年）

日本全体	統計が見当たらない
	鹿児島県、熊本県、和歌山県などで栽培しているが、収穫量は不明。
世界全体	825.5 万トン
1 中国	371.7
2 アメリカ	107.4
3 ベトナム	44.0

グレープフルーツ・ナイフと
グレープフルーツ・スプーン

グレープフルーツの花
グレープフルーツの花は、1つの枝に集まって咲く。1本の木の中に、花がつく枝と、つかない枝がある。

みんな集まれ

　グレープフルーツの木は、ふつうは5、6メートルと、温州みかんの木より少し大きい程度だけど、10メートルを超えることもある。実はなぜかみんなで集まるんだ。収穫するころにはぶどうのふさのようになって、重みで枝がたれ下がって、すごいことになる。もちろん、全部の枝が絵のようになるのではないよ。近くには、実がついていない枝がたくさんあるんだ。
　アメリカ合衆国の東南のはしにある、世界最大のグレープフルーツの生産地、フロリダ州へ行くと、見渡すかぎりグレープフルーツの木が続く広大な果樹園がある。人手だけではとても収穫できないだろうと思ったら、なんでもおおげさな機械を使ってやってしまうアメリカでも、グレープフルーツの収穫だけは、人が手でやるそうだよ。グレープフルーツは、やわらかくて傷みやすいからだ。そのため、フロリダ州だけでも、2万7千人もの季節労働者が、収穫期のグレープフルーツ畑に集まるそうだ。もう1つの大産地、カリフォルニア州でも同じことで、人の手でていねいに収穫したグレープフルーツが、太平洋を飛行機で渡って日本へ来るんだ。

レモン 檸檬 など（香酸柑橘類）

ミカン科 Citrus 属（ミカン属）
Citrus limon 種 など
英名 Lemon など

三宝柑

かぼす

ゆず

すだち

ライム

香りと酸味

「香酸柑橘類」って、難しい名前だね。香りが高く、酸味が強い（すっぱい）みかんという意味なんだ。ほとんどがそのまま生で食べるのではなく、汁をしぼって料理にかけたり、皮をきざんで薬味として料理に入れたりするんだ。レモンやライムのように、紅茶やお酒に入れて香りを楽しむのもある。絵の中で、温州みかんのように皮をむいて中をそのまま食べるのは、三宝柑だけだ。でも、三宝柑は、今は和歌山県で年に700トンほど出荷しているにすぎない。

「桃栗三年柿八年、ゆずのばかやろ十八年」という言葉がある。ゆずは種をまいてから実がなるまでに、18年もかかるという意味だ。だから、ゆずを栽培している農家では、木をふやすときは、種をまくのではなく、からたちの切り株にゆずの枝を接ぎ木するんだ。

だいだい

レモン

原産地（レモン）	インド北部
日本への伝来	1873年（明治6年）
収穫期（日本）	9月～12月
収穫量（2013年）	
日本全体（レモン）	9446トン
1　広島県	5753
2　愛媛県	1926
3　和歌山県	514
世界全体	1494.9万トン
1　インド	252.4
2　メキシコ	213.9
3　中　国	191.5

世界統計はレモンとライムの合計。日本と世界で数字の単位がちがうことに注意。

レモンの花
柑橘類の花は、ほとんどがつぼみのときからまっ白だ。でも、レモンの花は、つぼみのときは少しピンクをおびていて、かわいらしい。

植木鉢でも育つ

　レモンの木は、普通は3メートル以上になるけれど、植木鉢に植えて1メートルほどに止めておくこともできる。それでもちゃんと実がなるんだ。園芸店で苗を買って、育ててみるとおもしろいよ。

　レモンの祖先は、大昔にインドで生まれて、10世紀ごろヨーロッパに伝わったんだ。15世紀にはじまった大航海時代には、船旅にはなくてはならないビタミン源だったんだよ。当時のイギリス海軍では、すべての軍艦にレモンを積むことを定めた、きびしい規則があったそうだ。

柑橘類のとげ
葉や花がつく本枝に同時に生える場合と、別のわき枝にとげだけが生える場合がある。同じ木でも、若い木と老木で、とげの出かたや出る場所がちがうこともあるよ。絵はとげだけの枝だ。接ぎ木した木の台木から出たり、本枝のわきから出たりする。絵のとげ1本がつまようじぐらいの大きさだ。

歌になったとげ

　柑橘類には、とげがあるものが多いんだ。レモン、ゆず、からたち、などのとげは、手袋をはめていてもけがをするほどだ。中でもすごいのは、からたちのとげだ。葉よりとげのほうが多いほど密集して生えている。だから、泥棒よけに、からたちで垣根を作ることがよくある。北原白秋という詩人が、1925年に発表して、有名な歌になった詩に、こんな詩がある。

　　　　からたちの花が咲いたよ　白い白い花が咲いたよ
　　　　からたちのとげはいたいよ　青い青い針のとげだよ
　　　　からたちは畑の垣根よ　いつもいつもとほる道だよ[注]
　　　　からたちも秋はみのるよ　まろいまろい金のたまだよ
　　　　からたちのそばで泣いたよ　みんなみんなやさしかったよ
　　　　からたちの花が咲いたよ　白い白い花が咲いたよ

　北原白秋の友人で、この詩に曲をつけた作曲家の山田耕筰は、子どものころ養子に出され、印刷工場で働きながら、夜間学校に通っていた。つらいとき、工場を抜け出して、からたちの垣根のそばで泣いたそうだ。その話を聞いた北原白秋が、詩にしたんだ。だから、からたちのそばで泣いたのは、作曲した山田耕筰自身なんだよ。

注：「とほる」は「通る」の、「まろい」は「丸い」の昔の仮名遣い。

なつみかん 夏蜜柑、ぶんたん 文旦 など
（雑柑類、ブンタン類、タンゴール類）

ミカン科 *Citrus* 属（ミカン属）
Citrus natsudaidai 種（なつみかん）
Citrus maxima 種（ぶんたん）　など
英名　Natsudaidai orange（夏みかん）
　　　Japanese summer orange（夏みかん）
　　　Pomelo（ぶんたん）　など

夏みかん
黒潮に乗って流れついたみかん。

でこぽん
1972年に、長崎県でタンゴールとポンカンを交配して作ったみかん。「しらぬひ」ともいう。

伊予柑
1885年に、山口県で発見されたみかん。今では温州みかんに次ぐ収穫量の人気者。

黒潮に乗って日本に来たみかん

　夏みかんにはおもしろい話がある。江戸時代、今から300年ほど前に、今の山口県長門市にある青海島の海岸に、みかんが1つ、黒潮に乗って流れついた。やしの実の歌みたいな話だ。その種をまいて育ててみたら実がなった。それが夏みかんのはじまりなんだ。その原木は今も生きていて、国の天然記念物に指定されているよ。明治時代には、となりの萩市で盛んに栽培されるようになり、やがて全国にひろまった。はじめは夏みかんではなく、「なつだいだい」と呼んでいたんだ。大阪の青果業者が、「夏みかん」のほうが売れるだろうといって、変えたそうだよ。だから学名が昔の名前のままの「ナツダイダイ」なんだ。

ぶんたん
江戸時代のはじめ、中国から
鹿児島県に伝わったみかん。
「ざぼん」ともいう。

はっさく
1860年ごろ、広島県の因島で
偶然発見されたみかん。自然
交雑で生まれたと考えられる。

夏みかん	
原産地	不明
日本への伝来	江戸時代末
黒潮に乗って山口県に流れ着いた。	
収穫期（日本）	4月〜6月
収穫量（2013年）	
2015年の収穫量はもっと少ない	
日本全体	4.00万トン
1　熊本県	1.19
2　鹿児島県	1.06
3　愛媛県	0.66

夏みかんなど、ここにあげた柑橘類
は、FAOなどの世界統計がない。

夏みかんの花
花を1輪だけ見たら、
ほかの柑橘類の花と
区別できない。

47

晩白柚
ばんぺいゆ

世界一大きいみかん

「なんだこのでっかいの」って、びっくりしただろう。これは「晩白柚」という柑橘類だ。横のふつうの温州みかんとくらべてみると、どれほど大きいかわかる。大人の顔より大きいよ。「柚」はゆずの漢字だ。でも名前はゆずでも、ゆずの仲間ではない。ぶんたん（46ページ）の1種なんだ。中国語で「柚」は、丸い柑橘類という意味だ。東南アジアのマレー半島が原産の柑橘類で、1920年にベトナムから台湾に伝わり、それが鹿児島県や熊本県に伝わったそうだ。2005年に熊本県の八代市で収穫した晩白柚は、なんと4,858グラムもあって、ギネスブックに世界で最も大きい柑橘類として認められたんだ。

晩白柚の皮をむくとがっかりするかもしれない。皮の下の白いところがぶあつくて、中身が意外に小さいんだ。でも香りがよくて、とてもおいしい。グレープフルーツを少しあっさりとしたような味なんだ。皮の下の、ぶあついわたのようなところは、捨てたらだめだよ。うすく切って、水と砂糖といっしょに煮て、マーマレードや砂糖漬けにすると、すごくおいしい。

ライオンのゆず

　下の絵は、「獅子柚」だ。つまりライオンのゆずだ。そういえば、ライオンがねぼけているときの顔のようにも見えるなあ。「おにゆず」ともいうんだ。これも名前はゆずでも、ゆずの仲間ではない。晩白柚と同じ、ぶんたんの仲間だよ。道理で、ゆずにしては大きすぎる。横に描いた温州みかんとくらべるとわかるけれど、子どもの顔ぐらいあるだろう。ぶんたんの仲間は大きくなる品種が多いんだ。これも皮の下の白いところがとてもぶあつくて、中身は小さい。生で食べるとおいしくないんだ。ぶあつい皮のところといっしょに砂糖で煮て、マーマレードにしたり、砂糖漬けにするとおいしいよ。お正月などにこのまま飾って楽しむ人もいる。

　絵かきとしては、丸いかたちばっかり描き続けて、そろそろあきていたから、こういうのが出てくると楽しくなるんだ。それにしても、なぜこんなしわだらけの顔になったんだろうね。熟してひからびたからではなく、若くてまだ緑色のときからこうだよ。

　それから、葉っぱのかたちもおもしろい。つけ根に小さなふくらみがある。これは柑橘類の葉だけに見られる特徴で、これがあると、柑橘類だとわかるんだ。もちろん、ふくらみのないふつうのかたちをした葉が生える柑橘類も、たくさんある。

温州みかん
←ものさしのかわり

獅子柚

温州みかん

ぶっしゅかん　仏手柑、きんかん　金柑
（香酸柑橘類、キンカン属）

ミカン科 *Citrus* 属 *Citrus medica* 種（ぶっしゅかん）
　　　　Fortunella 属 *Fortunella japonica* 種（きんかん）
英名　**Buddha's hand**（ぶっしゅかん）
　　　Kumquat（きんかん）

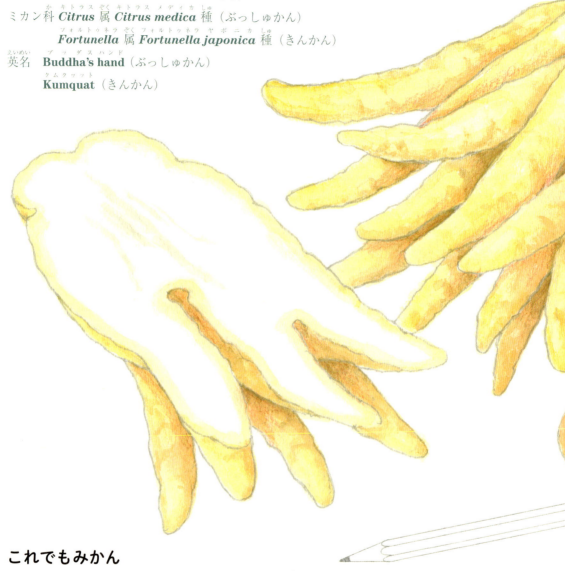

これでもみかん

　ぶっしゅかんは、漢字で書くと「仏手柑」、つまり仏さまの手という意味だ。いやあ、果物どころか、植物全体をさがしても、こんなへんなかたちの実はなかなかない。おしゃかさまの生地のインドで生まれた、香酸柑橘類の1種だよ。だから、本当はレモンのところで話すべきなんだ。でも、大きな絵を見せたかったので、ここで別に話すことにしたんだ。

　ぶっしゅかんは、上の絵のように中身がない。白いわたのようなものがあるだけだ。つまり食べるところがないんだよ。香りがすごくいいから、皮をジャムにすることはあるけれどね。じゃあ、何に使うのかというと、お正月の飾りや、生け花や、盆栽に使うんだ。飾っておくだけでもいい香りがする。縁起のいい果物と考えられていて、昔から陶磁器や木工芸品などのモデルとしても、よく使われてきたんだ。

独り者のきんかん

一方、きんかんも変わっている。柑橘類にはちがいないけれど、キトラス属（ミカン属）とは別の、フォルトゥネラ属（キンカン属）に属する独り者なんだ。だからここに分けて描いたんだ。

きんかんは、江戸時代に中国から伝わったのだけど、おもしろい言い伝えがあるんだ。中国から交易に来た船が、今の静岡県の沖で遭難し、清水港にたどりついた。そこで親切に助けられたお礼に、船に積んでいたきんかんを贈った。村人がその種を畑にまいたら、きんかんが実った、というお話しさ。その木がもとになり、今ではいろんな品種があるんだ。九州の宮崎県では、「たまたま」というブランドを栽培しているよ。なんだか楽しい名前だね。

きんかんは、皮ごと生で食べてもいいけれど、砂糖といっしょに煮て、甘露煮にするとおいしいよ。中身だけを食べる人はいない。

きんかん

← ものさしのかわり

ぶっしゅかんの赤ちゃん
花が終わったすぐあとは、緑色で指を開いていない。大きく育つにつれ、指が開くとともに、黄色くなる。同じかたちの実は、二度とできない。

プラントハンター

　プラントハンターと呼ばれる人たちがいる。世界中を旅をして、珍しい植物を探しまわっている人たちのことだ。17世紀から20世紀にかけて、ヨーロッパで大活躍した人たちだよ。特にイギリス人やオランダ人に有名なハンターが多い。イギリスに、キューガーデンという大きな植物園があって、何万種もの世界中の珍しい植物がある。その中の多くはプラントハンターが集めてきたんだ。中には、あじさいやつつじのように、日本でハントされて、イギリスで紹介され、そこからヨーロッパ中にひろまった植物もある。チューリップも、もともとは中近東が原産で、プラントハンターがオランダに持ち帰って、盛んに栽培されるようになったんだ。

　上の絵は、西畠清順さんという日本の有名なプラントハンターが、2015年に東京の展覧会で発表したぶっしゅかんだ。もちろん、わざと人の手に似せて作ったのではない。自然にこんなかたちになったんだ。ぶっしゅかんは、二度と同じかたちのものはできないよ。同じ木になる実でも、かたちが1つ1つちがうんだ。指の数も、数本から20本以上まであるんだ。だからおもしろい。西畠さんは、ほかにも、世界中の珍しい植物を日本に紹介しているんだ。

門松ならぬ門きんかん

　ベトナムや中国の南部では、きんかんは繁栄をもたらすと信じられ、正月に家の前やお店の入り口に飾る習わしがある。日本の門松と同じだよ。正月といっても、古いこよみの正月で、年によって、今のこよみの1月末から2月ごろになるんだ。ベトナムでは「テト」、中国では「春節」という。テトや春節に欠かせない飾りが、きんかんの鉢植えなんだ。右の絵のようなかたちに、きれいに刈り込んだきんかんを、門松のように玄関の両わきに飾るんだ。そのころベトナムへ行くと、大人の背丈より高い鉢植えのきんかんを、2つも3つもバイクに積んで、渋滞の中を平気で走っている人がいるから、びっくりするよ。

きんかん
原産地	中国
日本への伝来	江戸時代
	中国から
収穫期（日本）	12月〜3月

収穫量（2013年）

日本全体		3744トン
1	宮崎県	2572
2	鹿児島県	871
3	熊本県	119

仏手柑、きんかん、ともにFAOなどの世界統計がない。単位は万トンではなくトン。

ぶどう　葡萄

ブドウ科 *Vitis* 属 *Vitis vinifera* 種 など
英名　Grape

巨峰

マニキュア・フィンガー

マスカット・オブ・アレキサンドリア

ヨーロッパブドウとアメリカブドウ

　ぶどうも、大昔から栽培されている果物だ。紀元前3000年ごろには、原産地の中央アジアですでに栽培がはじまっていたそうだ。そこから古代ギリシャや古代ローマに伝わり、ワインを作るために盛んに栽培されたんだ。また、北アメリカにも別の種類の野生のぶどうがあって、ヨーロッパから移住した人たちが栽培化したそうだ。でも、アメリカブドウはワイン作りには向かない。それに、アメリカブドウには病気を媒介する害虫が住んでいる。19世紀に、苗木をヨーロッパに持ち込んだとき、ヨーロッパブドウにその害虫が移り住んで、病気に対して弱いヨーロッパのぶどうに、全滅に近い被害が出たんだ。だから、今ではアメリカブドウの台木にヨーロッパブドウを接ぎ木している。ぶどうは、接ぎ木や挿し木で増やすことが多いけれど、交配による品種改良も盛んだ。今ではなんと、世界中に1万品種以上のぶどうの品種がある。

　日本では、中国から伝わって野生化していたヨーロッパ系のぶどうが、鎌倉時代（1185年ごろ～1333年）に栽培化されたそうだよ。今、主に山梨県で栽培している「甲州ぶどう」は、その子孫なんだ。明治時代には、直接ヨーロッパからも伝わったけれど、日本の気候や土壌に合わなくて、うまく育たなかった。だから、日本ではアメリカ系のぶどうが多いんだ。

甲州ぶどう

ゴールド・フィンガー

デラウェア

ぶどうの文化

　ぶどうは、昔から建物の飾りや、やきものや染織物の文様としてよく使われたんだ。正倉院（26ページ）にあった宝物の1つに、古い布地がある。右の写真は、その布地を模写して作ったふろしきだ。この文様は「ぶどう唐草」といって、ペルシャ（今のイランのあたり）の文様が、シルクロード経由で日本に伝わったと考えられているんだ。それから、古代ギリシャや、古代ローマでも、建築物の飾りや、工芸品などに、ぶどうが盛んに使われているよ。

棚と垣根

　ぶどうを育てるのには、2つの方法がある。上は、主に果物として食べるぶどうを育てる、「ぶどう棚」というやりかただ。ぶどうは「つる植物」だから、手がとどく高さにワイヤーを張って、そこにつるをはわせるんだ。日本では、ぶどう棚で育てることが多い。JR中央線の塩尻駅（長野県）へ行くと、駅のホームにぶどう棚が作ってあるよ。その地方の名産品、甲州ぶどうを宣伝するためだ。乗降客は、ぶらさがっているぶどうの下を通るようになっている。

　下は、主にワイン用のぶどうを育てる、「垣根式」というやりかただ。日本では、古くからお米でお酒を作る文化があったから、ワイン作りは発達しなかった。だから垣根式は少ない。ヨーロッパやアメリカのワイン用のぶどうの産地では、このやりかただ。ヨーロッパの有名なワイン産地、ライン河やモーゼル河の両岸には、中世のお城をはさんで、垣根式のぶどう畑が延々と続いている。木の手入れや収穫をするときは、垣根式のほうがやりやすいそうだ。

原産地	中央アジア
日本への伝来	鎌倉時代 中国から
収穫期（日本）	6月〜10月
収穫量（2013年）	
日本全体	18.97万トン
1　山梨県	4.82
2　長野県	2.68
3　山形県	1.66
世界全体	7718.1万トン
1　中　国	1155.0
2　イタリア	801.0
3　アメリカ	774.5

ぶどうの花

ぶどうの花には、花びらがない。受粉は風まかせで、虫を呼び寄せる必要がないからだ。外側の5本がおしべで、中心の小さくとび出したところが、めしべだ。

キウイフルーツ　猿梨(さるなし)　鬼木天蓼(おにまたたび)

マタタビ科(か) Actinidia(アクティニディア) 属(ぞく)
Actinidia dericiosa(アクティニディア デリキオサ) 種(しゅ)　など
英名(えいめい)　Kiwifruit(キウイフルート)

スイートグリーン

レインボーレッド

アップルキウイ

もとの名前はグースベリー

　キウイフルーツは、中国で生まれた果物(くだもの)で、昔はこんな名前ではなかったんだよ。英語(えいご)ではチャイニーズ・グースベリー（中国のがちょうのベリー）と呼んでいたんだ。20世紀(せいき)に入り、ニュージーランドでも栽培(さいばい)しはじめたけれど、あまり売れなかった。そこで、この国の果物(くだもの)の輸出業者(ゆしゅつぎょうしゃ)が、もっとおもしろい名前にして、ニュージーランド産(さん)のグースベリーをアメリカに売(う)り込(こ)もうと、この名前にしたそうだ。1959年というから、古くはない話だ。右の絵を見てもわかるように、グースベリーのかたちや色が、キウイという鳥にとてもよく似(に)ていたからだ。キウイは、ニュージーランドにしか住んでいない、にわとりほどの大きさの飛(と)べない鳥だよ。

ニュージーランドの国鳥

　キウイという名前は、その鳴き声を聞いて、先住民のマオリ族の人たちがつけたそうだ。そのころは、キウイはニュージーランドにたくさん住んでいた。天敵の動物がいなかったので、飛んで逃げる必要がないから、羽根が退化したんだよ。でも、18世紀に移住してきたイギリス人が、犬や猫を持ち込み、やがてそれが野生化して、キウイの天敵になった。今ではキウイは絶滅寸前だそうだ。だからニュージーランドでは、国鳥に指定して厳重に保護している。

　キウイはニュージーランド人の代名詞にもなっていて、外国人に自分を紹介するときなどに、「私はキウイです」という人もいる。自分はニュージーランド人だ、という誇りとともに、キウイに似てとても個性的だという意味だそうだよ。

　それからもう1つ、ニュージーランドに「キウイ・ハズバンド」という言葉がある。ハズバンドとは「夫」のことだ。この国では、育児や家事をよくやる男の人が多く、その人たちのことをいうのだそうだ。私はキウイハズバンドですというと、自慢になるんだよ。じつは、キウイは、雌が生んだ卵を、雄が温める。ひなを育てるのも、雄なんだ。なに？　あんたはどうなんだって？　あのね、縄田先生もぼくも、はずかしいんだけど、にわとりさ[注]。

サンゴールド

ヘイワード

ベビーキウイ

キウイ

注：にわとりは、卵を温めるのも、ひなを育てるのも、雌なんだ。雄は大声で鳴くだけで、何もしない。

キウイフルーツの花（雌花）

キウイフルーツを育ててみよう

　キウイフルーツは、ぶどうと同じつる植物だから、幹の太い大木にはならない。育てるのはとても簡単で、日本でも庭で育てている人がたくさんいるよ。簡単なぶどう棚のようなものを作って、そこに枝をはわせるんだ。しっかり手入れをすると、1本の木から1000個近くも収穫できることがあるよ。でもね、キウイフルーツは雌雄異株だから[注]、近くに雄の木と雌の木を植えないと、実がならないよ。それから、花は上の絵のようにかたまって咲くけれど、1つのかたまりごとに、1輪だけを残して、あとはつんでしまう。実がつきすぎると、小さい実しかできないからだ。10月の中ごろから、まだかたいうちに収穫するのだけど、収穫してすぐには食べられない。追熟といって、小さい穴をあけたビニール袋に入れて、2週間ほどおいておくんだ。袋の中にりんごを1つ入れておくと、早くやわらかくなるよ。りんごが出す、エチレンという植物ホルモンが、追熟を早めるからだ。外から押してみて、少しやわらかくなったら、食べごろだ。どうだい、おうちの人に頼んでやってみないか。ただしプランターで育てると、水やりを1日3回はしなければならないよ。日よけのグリーンカーテン（119ページ）として植えるのも、あまりすすめない。大きな葉っぱが、12月ごろまで元気だからだ。

注：雌雄異株とは、雄花が咲く雄の木と、雌花が咲いて実がなる雌の木が、別々の植物のこと。

原産地	中国
日本への伝来	栽培種は1950年代。ニュージーランドから。サルナシという種は、日本にも自生していた。

収穫期（日本）　　　　10月〜11月

収穫量（2013年）

日本全体		3.04万トン
1	愛媛県	0.78
2	福岡県	0.57
3	和歌山県	0.35
世界全体		3261.5万トン
1	中国	176.6
2	イタリア	44.8
3	ニュージーランド	38.2

いちじく　無花果

クワ科 Ficus 属
Fics carica 種
英名　Fig

花がない？

　いちじくの漢字は、「無花果」だ。つまり、花がない果実という意味だ。でも、花はちゃんとある。外から見えないだけだ。実の中に空洞があって、そこに、花びらのない小さな花がたくさん並んでいる。じゃあ、受粉はどうするかというと、もとは、はちが受粉を助けていたけれど、今、栽培しているいちじくは「単為結果性」といって、受粉しなくても実を結ぶ種類なんだ。だから、半分に割ったらはちが出てきた、なんていうことはない。

　いちじくは、世界で最も古くから栽培されている果物らしいと考えられているんだ。地中海の東にあるヨルダンの新石器時代の遺跡から、炭のようになった１万１千年以上も前のいちじくが出土したからだ。野生ではなくて、栽培していた可能性があるそうだ。原産地もその近くだと考えられている。

　日本には、江戸時代のはじめに、中央アジアから中国を通って、長崎県に伝わったそうだよ。挿し木（若い枝を、土につきさしておく方法）で簡単に増やせるし、育てるのも手間がかからないので、あっというまに日本各地にひろまって、家のまわりに植えたり、畑で栽培するのがはやったそうだよ。

　いちじくの木は、放っておくと、数年後にはおばけのような大木になる。だから、いちじくを栽培している果樹園では、２月ごろ、枝を切りつめる。そうしないと大きくておいしい実がならない。いろんな方法があるけれど、絵は「一文字仕立て」といって、太い幹を２本だけ残して、左右にのばす。これを１列に並べて、長い長い生垣を作るんだ。間に通路をとって、ほかの列も平行に並べる。こうすると、手入れも収穫もしやすいというわけさ。

果物(くだもの)として栽培(さいばい)しているいちじく

動物と助け合っているいちじく

　果物として世界中で栽培しているいちじくは、上の絵のように、枝(えだ)の先に実がなるけれど、いちじくの仲間(なかま)には、変(か)わったのがある。日本の南のはしの石垣島(いしがきじま)などにある「いぬびわ」といういちじくの仲間(なかま)や、アフリカに自生する「エジプトイチジク」などは、葉っぱのかたちも実のつきかたも、上の絵とはちがうんだ。

　エジプトイチジクは、アフリカのサバンナや熱帯雨林(ねったいうりん)に自生する、古い種類(しゅるい)のいちじくだ。20メートル以上(いじょう)の大木(たいぼく)になることもある。栽培種(さいばいしゅ)のいちじくとちがい、右の絵のように、枝先(えださき)ではなく太い幹(みき)に実がなる。「幹生果(かんせいか)」といって、熱帯(ねったい)の植物にはときどきある。しかも年に何回も実るから、ぞうやきりんや、鳥や魚、昆虫(こんちゅう)など、いろんな動物がこの実を食べて生きている。だから、アフリカの動物たちにとっては、なくてはならない植物なんだ。

太い幹にむらがる実

エジプトイチジクの実は、枝の先に実るのではない。まるで太い幹から泡がたくさんふき出しているように見えるんだ。「幹生果」といって、熱帯や亜熱帯の植物には、こういう変わり者がいる。あとでトロピカルフルーツの話にも出てくるよ。

エジプトイチジク

原産地	地中海東岸
日本への伝来	江戸時代初期 中国から
収穫期（日本）	8月〜10月
収穫量（2013年）	
日本全体	1.38万トン
1　愛知県	0.27
2　和歌山県	0.21
3　大阪府	0.14
世界全体	111.7万トン
1　トルコ	29.9
2　エジプト	15.3
3　アルジェリア	11.7

　エジプトイチジクは、「いちじくこばち」という、1ミリぐらいの小さなはちがいないと、実がならない。いちじくこばちは、いちじくの実の中にもぐり込んで、花のつぼみに卵を産みつける。幼虫は、花の液を吸って育ち、やがて雌だけが体に花粉をつけて、外に出る。雄は、雌が外に出るのを助けたあとで、死んでしまうんだ。雌は、ほかの実まで飛んで行って、中にもぐり込んで、いちじくの雌花に花粉をつけ、また卵を産むんだ。いちじくこばちは、天敵のありやとかげから幼虫を守れるし、いちじくは、花粉を運んでもらえる。「共生」といって、互いに助け合って生きているんだ。実を食べた動物には、種を遠くへ運ぶという役目がある。大自然の生き物は、こうして助け合いながら生きのびてきたんだ。人間もその中の一員だよ。いくら人間は自分で食糧を作れるといっても、やっぱりそれは大自然の恵みなんだからね。

ざくろ 柘榴

ミソハギ科 *Punica* 属
Punica granatum 種
英名 **Pomegranate**

マイナーな果物

　ざくろの原産地は、今のイランのあたりといわれる。5000年以上も前から栽培されていて、交易路だったシルクロードを通って、東は中国、西はヨーロッパに伝わったそうだ。日本には平安時代（794〜1192年ごろ）に、中国から伝わったといわれている。実の中につまっているつぶつぶを食べるんだ。粒の中には種が1つずつ入っている。いっしょに食べても平気だよ。いちいち出していたら、食べた気がしない。種がいやなら、ジュースにすると、甘ずっぱくておいしいよ。つぶつぶだけを布で包んで、しぼればいいんだ。

　ざくろは、日本では、庭に植えてある家がときどきあるけれど、ほとんど出荷していない。売っているのは、すべて輸入品だよ。それから、世界の収穫量の統計が、見つからないんだ。世界中で、年に100万トン近くの収穫量があるといわれていて、1位はイラン、2位はトルコだということだけはわかったけれどね。それほどマイナーな果物だということなんだ。日本でときどき見るのは、実を食べるためというよりも、眺めて楽しむために植えてあるんだよ。

原産地	西南アジアという説、北アフリカという説、南ヨーロッパという説など、いろんな説がある。
日本への伝来	平安時代　中国から
収穫期（日本）	9月〜11月
収穫量	日本でも世界でも、統計をとっていない。

グラナダ

　スペインの南のほうに、グラナダという街がある。アルハンブラ宮殿という、美しい宮殿があるので有名な街だ。かつてこのあたりを支配していた、イスラム教徒が建てた宮殿だ。その「グラナダ」は、スペイン語でざくろの意味なんだ。昔、このあたりにざくろの木がたくさんあったからだそうだ。グラナダ市の市章にはざくろの絵が入っているし、街のいたるところにざくろの絵がある。マンホールのふたにまで、ざくろが描いてあるよ。

　上の写真は、グラナダで買った、飾って楽しむためのタイルだ。この地方独特の緑色と青の組み合わせで、ざくろを大胆に描いている。グラナダの土産物屋へ行くと、こんな陶器の皿やつぼを山のように積み上げて売っている。高価なものではないけれど、ぼくはこの絵にとてもひかれるんだ。自分ではこんなにおおらかには絶対に描けないからさ。これこそ、柿のところ（33ページ）で話した、心で見たことを描いた絵だ。このタイルを作ったグラナダの陶工は、おおらかで、豊かな心の持ち主で、目を閉じていてもざくろが描けるんだよ、きっと。

ざくろの花はときの色

　ざくろの花は独特の色だ。赤でもない。だいだい色でもオレンジ色でもない。とても目立つ色だけど、けばけばしくはない。絵具で出すのが難しい色なんだ。バーミリオンという色の絵具があるけれど、少しちがうんだなあ。カドミウム・レッドに、少しだけカドミウム・イエローをまぜると、近い色になる。日本ではこの色を、昔から「朱色」と呼んでいるんだ。単に「朱」ということもあるよ。はんこを押すときに使う「朱肉」も、この色が名前のもとになっているんだ。

　「とき」という鳥がいる。日本では一度絶滅してしまった美しい鳥で、羽根をひろげると、うすい朱色が透けて見えるし、顔や足も朱色なんだ。漢字で書くと「朱鷺」、つまり朱色のさぎという意味だ。かつては日本各地にたくさん住んでいて、学名をニッポニア・ニッポンというほど、日本を代表する鳥だったんだ。でも、今は世界中に1,800羽ほどしかいない。日本では、中国から贈られた2羽を佐渡島で人工的に育てて、今では200羽ほどにまで増えているそうだ。2016年には、完全に野生で生まれたひなが、無事に巣立った。よかったね。佐渡では、とき保護センターと農家の人たちが協力して、みんなで世話をしているそうだ。どんどん増えるといいのにね。

ざくろの木
ざくろは品種がとても多くて、中には、10 メートル以上の高さになるのもある。落葉樹といって、秋には葉が全部落ちてしまう。夏のはじめの花が咲くころには、こんな感じだよ。古い木は、幹にねじれたようなくぼみがある。

ラズベリー、ブラックベリー　西洋藪苺

バラ科 バラ亜科 *Rubus* 属
Rubus idaeus 種（ラズベリー）
Rubus fruticosus 種（ブラックベリー）など
英名　Raspberry、Brackberry

ラズベリー

ルバス属は大家族

　ラズベリーやブラックベリーは、ヨーロッパ人や、ヨーロッパからアメリカ大陸へ移住した人たちが大好きな果物だ。日本とちがい、欧米ではどこのスーパーでも売っているよ。もとはヨーロッパや北アメリカの野生の木いちごを、畑で育てるようになったんだ。ラズベリーは、16世紀から17世紀にかけて、イギリスで最初に栽培化されたそうだ。交配をくり返した結果、今では30種に近い「種」に分かれていて、その下に数えきれないほどの「品種」がある。

　一方、同じルバス属のブラックベリーも、種が多い。ラズベリーと合わせると、あまりにも多いので、ルバス属は、大きくラズベリーとブラックベリーの2つのグループに分けることになっている。でも、ラズベリーにも、むらさきや黒むらさきのがあるし、ブラックベリーにも赤っぽいのがあるから、両方を見分けるのは、ちょっと難しい。お店で売っているのは、中に空洞があるのがラズベリーで、空洞がないのがブラックベリーだと思えばいいんだ。

ラズベリーの花
種によって、赤むらさきや、まっ白な花もある。まん中に見える緑色の丸いものは、花のあとだ。これがやがて実になるんだ。

ブラックベリー

原産地	ヨーロッパと北米大陸
日本への伝来	日本にも木いちごが自生していた。栽培種は欧米から。
収穫期（日本）	6月～10月

収穫量（ラズベリー 2013年）

日本全体		9.5トン
1	北海道	4
2	長野県	3
3	秋田県	2
世界全体		57.8万トン
1	ロシア	14.3
2	ポーランド	12.1
3	アメリカ	9.1

日本は万トンではなくトン。

ラズベリーのお菓子

　ラズベリーは、フランス語では「フランボアーズ」というんだ。フランボアーズと聞くと、フランス菓子を思い出す。フランボアーズタルト、フランボアーズを乗せたシフォンケーキ、フランボアーズのパイ、フランボアーズのソルベ、ガトーフランボアーズ。フランボアーズのムース、メレンゲ、コンフィチュール……うーん、よだれが止まらない。
　ラズベリーは、もちろんそのまま生で食べてもおいしいけれど、お菓子を作る材料としても欠かせない果物なんだ。特にフランスには、ラズベリー（フランボアーズ）を使ったおいしいお菓子がたくさんある。一般家庭でお菓子を作るときも、ラズベリーを本当によく使うんだ。お菓子作りの材料としては、りんごやいちごよりもよく使うだろう。それに安い。日本では、あまり安くない果物だけど、フランスをはじめ、ヨーロッパでは、安い上に、夏ならどこでも売っている。だから山のように買ってきて、ジャムにして保存している家庭が多いんだ。

くわの実

夕焼け小焼けの赤とんぼ

　赤とんぼの歌を知っているかな。三木露風という詩人が1921年に発表した詩に、前に話した山田耕筰（45ページ）が曲をつけた、日本人の大人なら、だれもが知っている歌だ[注]。

　　　　夕焼け小焼けの赤とんぼ　負われて見たのはいつの日か
　　　　山の畑の桑の実を、小籠に摘んだはまぼろしか
　　　　十五で姐やは嫁に行き　お里の便りも絶えはてた
　　　　夕焼け小焼けの赤とんぼ　とまっているよ竿の先

　この歌は、とても悲しい歌なんだ。三木露風は、5歳のとき両親が離婚して、おじいさんに預けられた。おじいさんの家に、「ねえや」つまり、子守りや家事を手伝うためにやとわれた女の子がいて、その背中におんぶされて赤とんぼを見た。でも、ねえやは15歳になるとお嫁に行ってしまい、連絡もとだえてしまった。竿の先にとまっている赤とんぼを見ると、母親のかわりだった、やさしいねえやを思い出す、という歌だ。

　昔は「かいこ」という虫を飼っている農家が多かった。そのまゆから、絹糸をとるためだ。かいこは、くわの葉しか食べない。だから、昔の田舎には、くわ畑がたくさんあった。ほしいのは葉だから、実はだれがつんでもよかったんだよ。三木露風も、ねえやに連れられてつみに行ったのだろう。露風にとっては、それも、なつかしく、せつない思い出だったんだ。

　ぼくも子どものころ、よくつみに行ったものだ。甘ずっぱくておいしいけれど、口のまわりがむらさきになるんだ。でも、今はくわ畑なんてほとんどないし、赤とんぼも見なくなった。

注：「小籠」は、竹であんだ小さなかごのこと。

くわの枝
左の絵は、ブラックベリーではない。「くわ」だ。漢字で書くと「桑」だ。バラ目クワ科の木で、ブラックベリーとは「科」がちがう。でもね、実は絵のように、姿かたちも、色も、味も、ブラックベリーにそっくりだよ。英語では、マルベリーというんだ。

ラズベリーの木
大人の背丈ほどの高さにしかならない。フェンスや棒などに登らせることもできる。

ブルーベリー、クランベリー

ツツジ科 *Vaccinium* 属
Vaccinium colymbosm 種 など（ブルーベリー）
Vaccinium oxycoccos 種 など（クランベリー）
英名　Blueberry、Cranberry

クランベリー

品種改良には終わりがない

　ブルーベリーは、日本でも売っているから、たぶん食べたことがあるだろう。ヨーグルトやアイスクリームに乗せて食べると、とてもおいしいよね。でも、クランベリーのほうは、見たことがないだろう。すっぱくて生では食べないから、売っていないよ。ジュースかジャムなら売っているけれどね。

　ヨーロッパやアメリカでは、昔から野生のブルーベリーをつんで食べてきたんだ。20世紀になると、アメリカやカナダで畑で栽培するようになり、品種改良が進んで、たくさんの品種が生まれた。それが世界中にひろまったんだ。日本にも野生種があるけれど、今、栽培しているのは、ほとんどがアメリカから伝わった品種だ。その後、日本でも品種改良が進んで、今ではなんと、日本だけでも100品種以上もある。え？　ブルーベリーなんて、品種改良する必要があるのかだって？　そこが人間なんだ。世界中の大学や、農業試験場や種苗会社の研究者は、もっとおいしい品種を作ろうと、研究を続けているんだよ。ひょっとしたら、22世紀には、ピンポン玉ぐらいの大きさの、甘くておいしいブルーベリーを食べているかもしれないよ。

ブルーベリー	
原産地	北アメリカ
日本への伝来	1951年
	アメリカから
収穫期（日本）	6月～9月
収穫量（2013年）	
日本全体	2700トン
1　長野県	444
2　東京都	377
3　茨城県	299
世界全体	42.0万トン
1　アメリカ	23.9
2　カナダ	10.9
3　ポーランド	1.3
日本は万トンではなくトン。	

ブルーベリー

ブルーベリーの花
同じツツジ科の「あせび」の花に
とてもよく似ている。

ブルーベリーの木
大人の背丈ぐらいの高さになる。

クランベリーの収穫

　上の絵は、アメリカでクランベリーを収穫しているところだよ。クランベリーの木は30センチほどで、どちらかというと草に近いんだ。アメリカの五大湖のあたりで、たくさん栽培しているよ。収穫するときは、畑を水びたしにして、トラクターのような機械でかきまぜる。すると、実が水面に浮き上がってくるんだ。それを絵のように、浮きを長くつないだロープのようなもので集めて、バケットコンベアーですくい上げる。その横には、葉や茎などのごみを取り除いて、トラックに積み込むための、おおげさな装置も組み立ててある。クランベリーはすっぱいから、アメリカでも生では食べない。ジュースやジャムにするんだ。だから、こんなことをして傷がついても、ぜんぜん気にしないんだ。いかにもアメリカらしいやりかただね。
　クランベリーは、カナダでもたくさん栽培しているけれど、カナダでは、アメリカのようなやりかたはしないよ。大勢の人が大きなくしのような道具を使って、ていねいにつみ取っている。お国柄というか、こんなところにも文化のちがいがあらわれていて、おもしろいね。
　日本なら、たぶん道具も使わずに手でつむだろうね。ブルーベリーのほうは、生でも食べるから、手でつんでいるよ。左の絵のように、よく熟したのと、そうではないのが入りまじっているから、機械や道具でつむわけにはいかないんだ。

いちご 苺

バラ科 *Fragaria* 属
Fragaria ananassa 種
英名 Strawberry

淡雪

初恋の香り

とよのか

いちごは野菜?

　さて、ここからは、草に実る果物の話をしよう。いちごは、木ではなく草に実るから、果物ではないという人がいるんだ。農林水産省の統計でも、いちごやすいかやメロンは、果物ではなく、「果実的野菜」に入っているんだ。ところが、文部科学省の食品の分類や、中央市場や小売店では、すべて果物あつかいだ。みんなもメロンが野菜だとは思っていないよね。

　何が野菜で何が果物かは、いろんな考えがあって、難しいんだ。おかずにするのは野菜で、デザートに食べるのが果物? 甘くないのは野菜で、甘いのが果物? じゃあ梅は? 草に実るのは野菜で、木に実るのが果物? よくわからないので、縄田先生に聞いてみた。

　野菜と果物は、はっきりとした定義はないのだそうだ。農学者や植物学者の間では、一応は「草本植物の果実や葉や根は野菜、木本植物の果実は果物」だそうだ。草に実るのは野菜で、木に実るのは果物だ。でも、それだと、いちごもすいかもメロンも野菜ということになる。

　縄田先生の話では、学者が学問の話をするときは、はっきりとした定義が必要になることもある。でも、ぼくたちがふだん話をするときは、それほど厳密に区別する必要はなく、野菜と思えば野菜、果物と思えば果物、でいいのではないだろうかということだ。いわば生きている言葉の問題だから、その場の状況に応じて、適当に使い分ければいいのだそうだよ。

いちごの花

いちごの赤いところは、本当は実ではないんだ。花の中に、黄色い円すい形のものが見える。ここがめしべで、それを支える「花托」という土台が、絵の赤いところになるんだ。本当の実は、いちごの表面にある小さなつぶつぶだ。本当の種は、粒の中にかくれていて、外からは見えないよ。

あまおう

あかい、まるい、おおきい、うまい、から名づけた名前。

原産地	北アメリカ 南アメリカ
日本への伝来	江戸時代末 ヨーロッパから
収穫期（日本）	11月～6月 露地とハウスの両方

収穫量（2013年）

日本全体	16.56万トン
1 栃木県	2.60
2 福岡県	1.75
3 熊本県	1.19
世界全体	774.0 万トン
1 中国	299.8
2 アメリカ	136.1
3 メキシコ	37.9

いちご製造工場

　いちごは、昔は4月か5月の果物と決まっていた。今ではハウス栽培の技術が発達して、11月から4月にかけてが最盛期だ。5月から10月の収穫量は、全体の5％にすぎない。でも、冬に収穫するためには、夏に苗を植える前に、苗を大きな冷蔵庫に入れて冷やすんだ。そうしないと、花が咲かない。しかも、うまく受粉させないと実がきれいなかたちにならないから、ハウスの中でみつばちを飼うんだ。土で育てるときは、実がよごれないように、長いビニールシートを土にかぶせておく。たいへんなんだよ。だから最近では、土のかわりに細長い箱の中に肥料をまぜた水を流して、そこに根を出させる「養液栽培」というやりかたが多いんだ。箱を腰の高さに並べておけば、農家の人の作業がらくになる。いちご畑というより、いちごの製造工場みたいだよ。

記録破りのいちご

　下の絵は、2015年にギネスブックが世界一重いいちごとして認めた「あまおう」という品種のいちごだよ。福岡県の中尾浩二さんが作ったいちごで、なんと、280グラムもある。ふつうのあまおうは40グラムぐらいなんだ。それまでの世界一は、1983年に、イギリスで収穫したいちごで、32年もの間、だれも破れなかった記録を、中尾さんが破ったんだ。

　じつはこのいちご、1つではない。育った環境のせいで、5つぐらいのいちごが1つにくっついてしまったのだそうだ。中尾さんはある環境でそうなることをよく知っていて、世界一をめざして作り続けたそうだ。

　そんなに大きくてもおいしいのかだって？中尾さんのお嬢さんが食べてみたら、とても甘くておいしかったそうだよ。

世界一重いあまおう

すいか　西瓜

ウリ科 *Citrullus* 属
Citrullus lanatus 種
英名　Watermelon

入善すいか
「たわらすいか」ともいう。富山県の入善町で栽培している。

マダーボール

金のたまご

すいか爆弾

　すいかは、熱帯アフリカのサバンナや砂漠地帯で生まれたんだ。アフリカでは、5000年以上も前から栽培していて、食べものというより、飲み水のかわりとして大切な作物だったんだ。地方によっては、今でもそうだよ。雨季のあいだにたくさん育てておいて、乾季の飲み水を、すいかの水分でおぎなうのだそうだ。つまり、水筒のかわりだよ。

　日本にすいかが伝わったのがいつごろかは、はっきりしないけれど、16世紀ごろに中国から伝わったと考えられている。当時のすいかは、今のようなしま模様がなく、色が黒に近くて、「鉄かぶと」と呼ばれていたそうだ。それが今は「ダイナマイト」という品種になっている。かたちも色も、マンガに出てくる丸い爆弾にそっくりだよ。導火線までちゃんとついている。そういえば、すいか畑の大量のすいかが、一晩で自然に爆発するという怪事件が、2011年に、中国の各地であったんだ。よく調べたら、成長をうながす薬をたくさんまきすぎて、爆発したらしい。割れ目からあわがぶくぶく出ていたというから、すいかがかわいそうだね。

ダイナマイト

大玉すいか

小玉すいか

原産地	熱帯アフリカ
日本への伝来	16世紀後半 中国から
収穫期（日本）	5月〜8月

収穫量（2013年）

日本全体	35.53 万トン
1 熊本県	5.38
2 千葉県	4.16
3 山形県	3.17
世界全体	10893.3 万トン
1 中国	7294.4
2 イラン	394.7
3 トルコ	383.7

すいかの花
これは雌花（めすの花）。花の下のこぶのところがふくらんで、すいかになる。雄花（おすの花）はこぶがないだけで、雌花によく似ている。雄花から雌花まで花粉を運ぶ昆虫がいないと、実がならない。

うりの仲間

すいかは「うり」の仲間だということは知っているかな。きゅうりやかぼちゃと同じだ。漢字で書くと「西瓜」つまり西のうりだ。西ってどこだ？　中央アジアのことだよ。中国でもすいかは「西瓜」と書いて、昔の言葉ではスイカと読む[注]。中国から見ても西の、中央アジアから中国に伝わってきたからだ。それが言葉といっしょに日本にまで伝わってきたんだよ。

ウリ科の植物は、ほとんどがつるを持っている。きゅうりのように、近くの何かに針金のようなつるを巻きつけて、高いところへ登っていくのもあるし、かぼちゃのように、どんどん横にひろがっていくのもある。すいかやメロンはあとのほうだよ。でもね、ハウスで栽培するときは、場所を節約するために、人の手で棒やネットにからませて上に登らせることもある。

おもしろい話がある。すいか泥棒に手を焼いたある農夫が、「警告！　この畑に、青酸カリ入りのすいか１個あり」という看板を畑に立てた。もちろん青酸カリなんか入れていないよ。翌日、すいかは１つも盗まれていなかったけれど、看板の「１個」が「２個」に書きなおしてあった、というお話しだ。わかるかな。つまり青酸カリ入りのすいかがどこかに１つ、本当にあるかもしれないので、農夫は１つも出荷できなくなってしまった、というわけさ。

畑のすいか
実が傷まないように、
わらを敷いておく。

注：「スイカ」は中国の唐の時代の発音。現代の北京語では西瓜と書いて「シーグァ」と発音する。

四角いすいか

　四角いすいかを見たことがあるかな。香川県の善通寺というところで作っているすいかだ。がっしりとした鉄のわくと、透明でかたいプラスチックの板で作った、四角い箱のようなものにはめて育てるんだ。この箱が特許になっていて、ほかではまねができない。よその産地で、これとはちがうやりかたで、四角いすいかを作っている人もいるけれどね。

　収穫後の日持ちをよくするため、未熟なときに箱をはずして収穫するから、食べられない。飾って楽しむためなんだ。1つが1万3千円ぐらいもする。輸出もしていて、とても人気があって、注文に応じられないことがあるそうだよ。ロシアでは、なんと、1つ8万円で売れたことがあるそうだ。どうせ長くはもたないのにね。

メロン、まくわうり　甜瓜

ウリ科 *Cucumis* 属
Cucumis melo 種
英名　Melon

キンショーメロン

ホームラン

まくわうり
地方によっては、
「まっか」と呼ぶこともある。
プリンスメロンなど、多くの改良種がある。

うりとメロン

　メロンといえば、表面にあみ目模様のある、あのメロンを思い出すよね。でも、ほんとうはあみ目のない品種もたくさんあるんだ。メロンの原産地は東アフリカか中近東といわれてきたけれど、最近の研究では、紀元前2000年ごろインドで栽培しはじめたらしいとわかってきた。そこから西へ伝わって、ヨーロッパなどで品種改良したのを「メロン」、東アジアに伝わって品種改良したのを「うり」と呼んできたんだ。でもね、近ごろはうりを改良したのをなんとかメロンと名づけたりして、ごちゃごちゃだ。どっちにしても、まちがいではないからまあいいけれど、左下の「まくわうり」だけは、メロンと呼ばないでほしいなあ。縄田先生もぼくも、子どものころよくおやつに食べた、昔なつかしい「まっか」の名前を残してほしいんだ。

マスクメロン
アールスなど、
いろんな品種がある。

はやとうり
これ、どこかで見たことあるだろう。そうだ、51ページで見たぶっしゅかんの赤ちゃん。ちがう。じつは熱帯アメリカ原産の「はやとうり」といううりの仲間だ。日本ではめったに売っていないけれど、中南米の国々ではよく食べるそうだ。お漬物やいため物にするとあっさりとしておいしい。ぶっしゅかんとは全く関係ないよ。他人の空似さ。なぜ同じかたちになったのかわからない。動物には「擬態」という現象があって、身を守るために他人になりすます動物が、ときどきいるけれど、植物でそんなことをするなんて、聞いたことがないなあ。大自然は、ときどきこういういたずらをするんだ。

イエローキング

タイガーメロン
まくわうりの改良種

手ごわい相手

　マスクメロンのあみ目を描くのはたいへんなんだ。細かい上に少し盛り上がっているから、小さな影もいちいち描かなければならない。でも、そればかりに気を取られていたら、全体が球ではなく円盤になってしまう。だから全体の影もつけなければならない。手ごわい相手だ。
　なぜこんなあみ目ができるのか、調べてみた。実が成長するにつれ、皮が実の中身の成長に追いつかなくなって、細かい割れ目ができる。その割れ目をふさごうと、実の中からねばねばした液体がしみ出してくる。その液体が少し盛り上がってからかたまって、割れ目をふさぐというわけだ。だからこんな模様ができる。うまくできているのか、皮を作るのが下手なのか、わからないね。だって、ほかのうりは割れ目が入るような安物の皮は作らないよ。そんなこといったら、マスクメロンに怒られるかな。せっかくきれいなレースの服を着ておしゃれをしているのに、安物の皮とはけしからん、ってね。

原産地	インド
日本への伝来	不明。弥生時代の遺跡からまくわうりの種が出土している。温室メロンは大正時代以降。
収穫期（日本）	5月～8月

収穫量（メロン 2013 年）

日本全体	16.87 万トン
1 茨城県	3.89
2 北海道	2.81
3 熊本県	2.48
世界全体	2939.5 万トン
1 中国	1433.7
2 トルコ	170.0
3 イラン	150.1

メロンのつる
高級メロンの栽培では、この絵とちがって、1本のつるに1つしか実らないように摘果する。養分を1つの玉に集めるためだ。

メロン畑とかぼちゃ畑は似ている！

　メロンは「うり」の仲間だから、すいかやかぼちゃのように、四方八方につるをのばして、ひろがっていくんだ。ふつうは絵のように元気なつるを選んで地面にはわせる。でもハウスの中で栽培するときは、きゅうり畑でやるように、棒を立てて、たて向きに上へ登らせるんだ。実が育ってきたら、上からひもで吊っておく。こうすると場所を節約できるし、実が傷まずにきれいな球形になるんだ。それにしても、実物を見ると、葉のかたちも、つるののびかたも、かぼちゃにそっくりだよ。かぼちゃ畑で写生をして、その絵に緑色の球を適当に描き入れて、これはメロン畑の絵だといっても、だれもうそだとは気がつかないだろうなあ。いや、この絵がそうだとはいっていない。ベテランのイラストレーターなら、やりかねないけれどね。

メロンの花
これは雌花。花びらの下に見える
こぶはメロンの赤ちゃん。雄花は
こぶがないだけで、雌花にとても
よく似ているよ。雄花も雌花も、
かぼちゃの花にそっくりだ。

トロピカルの国々

北回帰線（北緯23度26分22秒）
夏至の日に太陽が頭の真上を通る。

赤道（北緯、南緯　0度）
春分と秋分の日に太陽が頭の真上を通る。

南回帰線（南緯23度26分22秒）
冬至の日に太陽が頭の真上を通る。

トロピカルとは

　さて、これからは暑い国で育つトロピカルフルーツだ。知らない果物もあるだろうし、知らない国々の名前も出てくる。そのときは、このページを見るのもいいし、学校の図書室で本格的な世界地図を見るとおもしろいよ。どこにあるかだけではなく、どんな国かも調べるとおもしろい。

　「トロピカル」とは、英語で「太陽が回る地域の」「熱帯の」「回帰線の」という意味だ。トロピック（tropic＝熱帯、回帰線）に「～の」がついた言葉なんだ。つまり、トロピカルフルーツは、簡単にいうと熱帯の果物という意味だ。え？　そんなことなら知っている？

　じゃあ「熱帯」とはどこからどこまでを指すのか、知っているかな。それが簡単ではない。1つは、単純に地球上の緯度を基準にして、北回帰線と南回帰線にはさまれた地域、つまり、絵の2本の青い線ではさまれた地域を指すんだ。でもこの中には、砂漠もジャングルもある。だから気象や植物の分布とは、必ずしも一致しない。植物の分布と一致しないということは、農作物の分布、そして農耕をしてきた人間の活動、さらに文明の発達ともあまり一致しない。

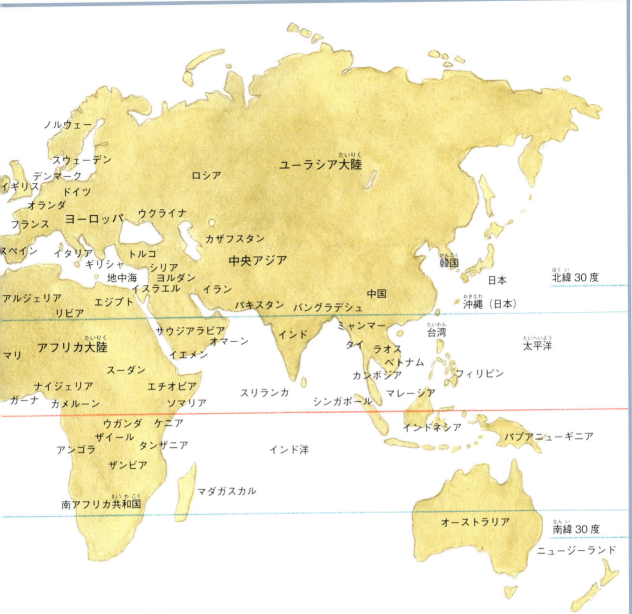

　ドイツ人の気象学者で植物学者のウラジミール・ケッペンという人は、このままでは植物の研究をするのに不便だと考えた。そして1884年に「気候区分」という考え方を発表したんだ。その後「ケッペンの気候区分」は、改良に改良が重ねられ、今でも広く使われているよ。

　ケッペンの気候区分は、大きく分けて、熱帯、乾燥帯、温帯、亜寒帯、寒帯の5つの区分注がある。それぞれに細かい区分があり、全部で43もある。あまりにも多いので、名前のほかにアルファベットの記号をつけてある。色分けして描くと、とんでもないまだら模様になって、何が何だかわからない。だから地図に描かなかったんだ。でも植物の分布とはよく一致する。

　それから、「亜熱帯」という言葉がよく使われる。この本にもこれから出てくるよ。でも、単純な緯度による区分にも、ケッペンの気候区分にも、亜熱帯という区分はないんだ。これはあいまいな一般用語で、人によって考えがちがう。おおよそは、熱帯の外側で、熱帯と温帯の境い目の地域、緯度でいうと、だいたい北緯30度と南緯30度のあたりを指すんだ。

注：日本は、北海道と東北地方がほぼ亜寒帯、南西諸島が熱帯、それ以外はほぼ温帯に属する。

バナナ 甘蕉 実芭蕉

バショウ科 *Musa* 属
Musa acuminata 種、*Musa balbisiana* 種（バナナの祖先）、
Musa spp. 種（現在の栽培種）
英名 **Banana**

モラード

リンキッド
料理用のバナナ。

セニョリータ
モンキーバナナ
の一種。

カルダバ
料理用のバナナ。

世界一の果物

　世界でいちばんたくさん作っている果物は、バナナだよ。95ページの表にも書いたように、料理用のも入れると、年に1億3千万トン以上も作っている。2位はすいかの約1億トンだ。日本人がいちばんよく食べる果物も、最近までは温州みかんだったけれど、今はバナナだよ。
　バナナの原産地は、マレーシアを中心とする熱帯アジアだと考えられている。熱帯アジアの農作物が専門の縄田先生に聞くと、今のパプアニューギニアという国では、1万年ぐらいも前から栽培していたらしいよ。それが東南アジア全体にひろまり、やがてインドやアフリカまで伝わったんだ。アフリカでは今でも主食にしている人たちがいるよ。
　日本では、バナナといえばフィリピン産だよね。1960年代に、フィリピンのミンダナオ島という大きな島で、日本に輸出するために大きなバナナの農園を作ったからなんだ。今の日本のバナナの9割近くは、ミンダナオ島から輸入しているんだ。それまでは、台湾や南アメリカのエクアドルという国から輸入していたけれど、値段がすごく高かったんだ。

バナナの花

ツンドク
料理用のバナナ
生では食べられない。

ジャイアント・キャベンディッシュ
フィリピンバナナの一種。日本でよく
食べるのはこの品種。

へんなかたち

　ほとんどの果物は、球形かそれに近いのに、バナナはなぜこんなへんなかたちなのだろう。じつはね、バナナの花は、左上のようにはじめは上を向いている。ピンクのところは「苞」といって、受粉を助ける昆虫をさそうための知恵だ。この中に雄花がある。雌花は苞のまわりの黄色いものだ。これから実になる緑色の「子房」がその下にある。子房が大きくなるにつれ、右下のように、花全体がその重みで下向きにたれ下がるんだ。役目を終えた苞はきたない色になって、やがて枯れてしまう。黄色いものは、雄花のあとだよ。フィリピンやインドネシアやタイでは、この花のつぼみも市場で売っていて、料理して食べるのだそうだ。

　花全体が下向きになると、子房も下向きになる。ところが、子房はもとの上向きにもどろうとして、自分でそっくり返るんだ。だからCの字のようなかたちになるんだよ。それから、バナナが球ではなく細長くて、皮にたて向きのかどがあるのは、子房がまだ小さいときから、子房同士が互いに押し合うからさ。押しくらバナナ、押されて泣くな、ってね。

バナナの「木」
木に見えるけれど、じつは草だ。幹に見えるのは「葉柄」、つまり葉っぱのじくなんだ。あとで話すパパイアもココナッツ（やし）も、どう見ても木だけど、本当は草だよ。

原産地	熱帯アジア
日本への伝来	1903年に台湾産のバナナがはじめて輸入された。
収穫期(日本)	6月〜9月
収穫量(2013年)	

日本全体	132.1	トン	
1 鹿児島県	72.0		日本と世界で数字の単位がちがうことに注意。
2 沖縄県	59.0		
3 宮崎県	1.0		

	生食用	料理用	
世界全体	10595.7万トン	3787.8万トン	
1 インド	2757.5	ウガンダ	892.6
2 中国	1207.5	カメルーン	369.2
3 フィリピン	864.6	ガーナ	367.5

バナナのカレー

　スリランカという国がある。インドの東南の海に浮かぶ、北海道の4分の3ほどの小さな島国だ。「インド洋の真珠」といわれていて、トロピカルフルーツの宝庫でもある。ぼくは、そこに2年ほど住んでいたことがある。そこの大学でデザインを教えていたんだ。

　市場の果物屋へ行くと、日本では見たこともない、珍しいトロピカルフルーツを、山積みにして売っているんだ。中でもバナナには驚いた。いろんな種類のバナナを、しかもふさごと、天井から吊り下げたり、通路に無造作に並べてあるんだ。こっちが立ち止まろうものならたいへんだ。まあ食べてみろと、3種類ほどもいでくれるんだけど、全部試食していたらお腹いっぱいになる。お店の人がいうには、料理に使うバナナも含めると、スリランカには49種類のバナナがあるそうだ。50といわないところがおもしろい。

　生では渋くて食べられない品種も、たくさんある。スリランカではそれをカレー料理に使うんだ。スパイスを何種類も入れて煮込んでから、ごはんに乗せて食べる。スリランカの人たちはカレー料理が大好きで、魚や野菜など、なんでもカレー料理にしてしまう。カレーといっても日本のカレーとはちがうんだ。日本で、しょうゆやみそやだしで味付けをするように、スパイスで味付けをする。要するにカレー味のおかずだ。何種類も並べたカレー料理のまわりに、家族みんなで集まり、それぞれが好きなのをごはんに乗せて、右手の指先だけを使って食べるんだ。指の第二関節までしかよごしてはならないし、左手は絶対に使ってはならないというきびしいマナーがある。箸にマナーがあるのと同じだ。日本のカレーライスのようにべちゃべちゃではないからできるんだ。バナナのほかにも、マンゴーやパパイアや、アボカドのカレー料理もあった。家によって使う材料や味がちがうんだ。学生たちが、家で作ってきたカレー料理の入ったお弁当を、先生も食べてみろと分けてくれたものだ。

パイナップル 鳳梨

パイナップル科 *Ananas* 属
Ananas comosus 種
英名 Pineapple

デルモンテゴールド

ピーチパイン

ゴールドバレル

松のりんご

　パイナップルは、りんごとはぜんぜん関係ないよ。それなのに、なぜパインのりんごというのかな。じつはね、英語のアップルには、りんごのほかに、「果実」という意味もあるんだ。パインは松、つまりパイナップルは、「松の果実」という意味なんだ。松とも関係ないのに、なぜ松なのか、だって？　見ればわかるだろう。実のかたちが松かさに似ているからさ。

原産地	南アメリカ
日本への伝来	一説には、1866年、石垣島で座礁したオランダ船から。
収穫期（日本）	8月～9月

収穫量（2013年）

日本全体	6600.4トン
1 沖縄県	6590.0
2 鹿児島県	10.0
世界全体	2477.8万トン
1 コスタリカ	268.5
2 ブラジル	248.4
3 フィリピン	245.8

日本は万トンではなくトン。

パイナップルの花

へんなかたちの花

　トロピカルフルーツの花は、りんごやなしの花とちがい、変わったかたちやはでな色の花が多い。すごいにおいをまきちらす花もあるんだ。グロテスクだから、きらいだという人もいるけれど、これはこれで、個性があっておもしろい。でも、なぜこんな花に進化したのだろう。熱帯や雨林気候帯のジャングルでは、植物の生存競争がはげしい。今では人間が果樹園で栽培している果物でも、もともとはそういう場所で生きてきたんだよ。うす暗いジャングルでは、はでな色やかたちや、強いにおいでないと、受粉を助けてくれる昆虫が寄ってこない。だからなんだ。昆虫に助けられて、子孫を残すことに成功した植物だけが、はげしい生存競争を生きのびるんだ。グロテスクなのは、生きのびるための知恵なんだよ。

　パイナップルの花は、絵のようにたくさん集まって咲くんだ。花の絵と実の絵をくらべるとわかるけれど、松かさのうろこの1つ1つが、じつは花のあとなんだ。だからパイナップルの種は、まん中ではなく、はしっこ、つまり、うろこのすぐ近くに並んでいる。パイナップルを食べるとき、よくさがすと、小さな黒い種が見つかることがあるよ。

パイナップルの株

パイナップルを育ててみよう

　パイナップルを食べたあとで、葉っぱのところを植木鉢の土に埋めておくと、根っこが出てきてパイナップルが育つんだ。うまくやると、おいしいパイナップルが収穫できる。ただし、日本では、実がなるまでに早くても２年ぐらいはかかるけれどね。

　パイナップルの上のほうを右の絵の赤線のところで切り取って、枯れた葉があれば取って、そのまま３、４日かわかすんだ。植木鉢に水はけのいい土を入れ、絵のように埋めておくと、やがて新しい葉っぱと根っこが出てきて、大きく育つよ。冬には室内の日当たりのいい場所に置いておくんだ。熱帯の植物だからね。ただし、売っているパイナップルは、出荷する前に、葉っぱの芯を抜くことがある。葉っぱに栄養がいって実がまずくなるのを防ぐためだ。だからまん中に穴があるのは、植えても新しい葉が出てこないよ。こんどお母さんがパイナップルを丸ごと買ってきたら、やってみるといい。

パイナップル農園

　パイナップルの実は、木になるのではないよ。絵のように細長い葉っぱが地面に四方八方にひろがった、草のまん中にできるんだ。ふつうは1株に1つしかできない。わき芽[注]が横から出て、それにも実がつくことがあるけれど、パイナップルを栽培している農園などでは、わき芽は全部つみ取ってしまうんだ。

　ハワイのオアフ島という島に、ドール（Dole）というアメリカのかんづめ会社が作った、大きなパイナップル農園がある。ハワイの観光名所でもあるんだ。見渡すかぎりパイナップルしか見えない丘がひろがっていて、古いＳＬのかたちをした遊覧列車で見て回ることができるんだ。農園の一部には、2001年にギネスブックに世界最大の迷路と認められた、巨大迷路がある。生垣で作った細い道を引きのばすと、5キロもあるそうだ。近くに売店があって、そこで売っているパイナップルのソフトクリームは、絶品でおすすめだ。もしハワイへ行くことがあったら、ついでに行ってみるといいよ。パイナップル畑がどんなものか、きっとよくわかるだろう。

注：わき芽とは、葉や茎のつけ根から出る芽のこと。根や地下茎から出る新しい芽もわき芽という。「ひこばえ」もわき芽の一種。

マンゴー　檬果（マンゴー）　菴羅（あんら）

ウルシ科（か）*Mangifera*（マンギフェラ）属（ぞく）
Mangifera indica（マンギフェラ インディカ）種（しゅ）
英名（えいめい）　*Mango*（マンゴウ）

ペリカン
キーツ
トミーアトキンス
ミニマンゴー
ヘイデン

インドの果物（くだもの）

　マンゴーは今は日本でも栽培（さいばい）しているし、スーパーでも売っているから、食べたことがあるだろう。バナナやパイナップルと並（なら）んで、トロピカルフルーツの代表格（だいひょうかく）だ。インドからマレー半島が原産地（げんさんち）と考えられ、インドでは 4000 年以上も前から栽培しているそうだ。今も収穫量（しゅうかくりょう）はインドがダントツだよ。でも、いろんな国で栽培していて、世界中には 500 品種（ひんしゅ）以上（いじょう）もある。

　マンゴーの花は、絵のように小さな花がふさになって咲（さ）くんだ。何かが腐（くさ）ったようなすごいにおいだよ。マンゴーが育つような暑いところは、みつばちがいない。だからくさいにおいが好きな小ばえなどに受粉（じゅふん）を助けてもらうために、腐ったようなにおいになったんだ。でもこの小さな花が全部実になるのではないよ。大きく育つのは、1 つのふさに数個（すうこ）しかないんだ。しかも、マンゴーの花は雨が続（つづ）くと受粉（じゅふん）できない。ところが日本では、ちょうど梅雨（つゆ）のころに花（はな）が咲（さ）く。だから沖縄（おきなわ）や九州でハウスの中で栽培（さいばい）しているのは、雨よけのためでもあるんだ。

原産地	インドから東南アジア
日本への伝来	明治時代はじめ 東南アジアから
収穫期（日本）	6月〜8月
収穫量（2013年）	
日本全体（トン）	3327 トン
1 沖縄県	1597
2 宮崎県	1126
3 鹿児島県	446
世界全体	4266.4 万トン
1 インド	1800.2
2 中国	445.0
3 タイ	314.2

日本は万トンではなくトン。世界はマンゴスチンとグァバを含む。

アーウィン

マンゴーの花

うるしの仲間

　マンゴーはウルシ科の植物だ。だから人によっては、葉っぱや花をさわるとうるしのようにかぶれるかもしれない。食べても口の中がかぶれることがあるから、気をつけたほうがいい。でも、ほとんどの人は、食べても平気なんだ。うるしほどかぶれる成分が強くないからだよ。ぼくもうるしには弱いけれど、マンゴーは、スリランカで毎日食べていても平気だったよ。

さるたちのマンゴー

　マンゴーの木は、暑い国では、自然にまかせておくと20メートル以上の大木になる。だからマンゴーを栽培している農園では、2メートルほどの高さに切りつめて育てているんだ。

　バナナのところで話したスリランカの大学の庭に、大きなマンゴーの木があった。5月ごろになると、緑色の実をたくさんつけるんだ。ところが、赤く熟す前に全部なくなってしまう。ふだんは教室の屋根を走りまわっているしっぽの長いさるの群れが、そろそろ赤くなるころに食べてしまうからでもあるけれど、学生たちがさるに取られる前に、木に登ったり、長い棒で枝をたたいて落としてしまうからだ。どっちが先に取るか競争だ。でも、早すぎてもだめだ。学生たちが落としたのは、まだ緑色で、とても食べられたものではなかったなあ。でも、学生たちはそれに塩をつけて、おいしそうに食べていたよ。

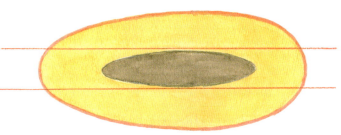

花咲カット
まず上の絵のように、皮ごとナイフを平らな種にそわせて3枚に切る。それから、外の2枚に、皮を切らないように注意してたてと横に切れ目を入れる。両手で皮を持ってくるっとひろげると、下の絵のようになる。あとはフォークでつきさして食べる。

　でも、学生はさるの群れと先を争うことはあっても、決して追い払ったりはしない。学生の話だと、バナナを栽培している農園でも、野生のさるやぞうが来て、バナナを食べるけれど、農家の人々は大声を出すぐらいで、銃でおどしたり、畑を電気さくで囲ったりは決してしないそうだ。なぜだと聞くと、果物は大自然の恵みだから、動物たちと分け合うのはあたりまえだというんだ。スリランカの人たちの考えは、動物愛護ではなく、動物との共生なんだ。つまり動物をあわれむのではなく、動物と共に生きるという考えかただ。目線がちがう。ぼくはそれを聞いて、世界中がスリランカを見習うといいのにと思ったな。

　スリランカでは、果物の種類が豊富だし、驚くほど安いんだ。おいしいマンゴーが、日本円にして1つ15円ほどだよ。だからぼくは、毎日朝ごはんを、マンゴー3つと、バナナ2本と、スリランカ名物の紅茶ですませて、大学へ出かけたものだ。

　マンゴーを食べるときは、ちょっとしたこつがいる。熟したのはやわらかいので、りんごのようにナイフでむくと、手がべたべたになる。バナナのように手でむいてかぶりついてもいいけれど、それだと汁がぼたぼた落ちる。よくやるのは、皮ごと平らな種にそって3枚に切り、外の2枚に切れ目を入れ、皮を持ってくるっとひっくり返すやりかただ。あとはフォークでつきさして食べればいい。花咲カットというんだ。え？　まん中の1枚は捨てるのかだって？　いやいや、種のまわりもナイフでぐるっと切り取って食べて、種はしゃぶるのさ。

アボカド 鰐梨

クスノキ科 *Persea* 属
Persea Americana 種
英名 **Avocado**
Alligator pear

ベーコン（完熟）
ハスより少し大きい。
味はほとんど同じ。

ものさしのかわり→

森のバター

　アボカドは、メキシコや中央アメリカの森で生まれたといわれている。だから、もともとは熱帯の植物なんだ。でも今は日本でも暖かい地方で栽培している。バターのような脂肪分が、重さにして20％前後も含まれるので、「森のバター」と呼ばれているんだ。しかも、体にいい脂肪分で、悪玉のコレステロールのような悪い影響はない。カロリーも多いし、ビタミン類やミネラルもたくさん含まれていて、果物の中では最も栄養価が高いんだ。食感は、ねっとりとしていて、バターに似ているよ。そのかわり、ほかの果物のような、さっぱりとした甘さや、すっぱさがないんだ。わさびとしょうゆをつけて食べるとまぐろのトロの味がする、というのは有名な話だ。だから果物としてそのまま食べてもいいけれど、サラダに入れたり、ハムで巻いたり、パスタにそえたりして、おかずとして食べることのほうが多いんだよ。アボカドのカレー料理も、食べたことがあるよ。ちょっとしつこい感じだったけれどね。

ハス（完熟）
日本で輸入しているアボカドの
ほとんどがこの品種。

原産地　メキシコ、中央アメリカ
日本への伝来　大正時代。しかし
全く普及しなかった。アボカドが
知られるようになったのは第二次
世界大戦後。
収穫量（2013年）
日本では沖縄県、鹿児島県、高知県
などで年に数トン生産されているが、
農林水産省の統計はない。

世界全体	471.7万トン
1 メキシコ	146.8
2 ドミニカ	38.8
3 コロンビア	30.3

アボカドの花

アボカドの枝
亜熱帯の森の中で自生しているアボカドの木は、30メートルを超えることもある。果樹園では、そこまで高くはしないんだ。枝を見ると、みんなで集まっておしゃべりをしているようで、楽しそうだね

種も捨てないで

　アボカドの実のまん中には、丸い大きな種が入っている。意外にやわらかくて、ナイフで簡単に切れる。うすく切ったのを40分ほどせんじて飲むと、ダイエットの効果があるそうだ。アボカド茶っていうんだ。ただし、かなり続けて毎日飲まないと効果がないらしいし、すごくまずいそうだよ。おまけに、毎日アボカドを買ってくるなんて、たいへんだ。

　それよりも、育てるとおもしろい。アボカドを食べたあとで、絵のように種につまようじをつきさして、コップの水に3分の1ほどつかるようにして、日の当たる窓辺に置いておくと、3週間ほどで根と新芽が出てくるんだ。水はときどきかえるほうがいいよ。コップの中で根がしっかり育ったら、植木鉢に植えかえるんだ。コップの中で種が割れて、根がのびてくるのもちゃんと見えるから、理科の観察日記を書くのにはもってこいだ。きれいな葉っぱがたくさん出てくるから、観葉植物として育てている人もたくさんいるんだ。ただし、実がなるのは期待しないほうがいい。アボカドは受粉のしくみが複雑で、結実させるのが難しいからだ。それに実がなるまでに数年はかかるんだ。東京で、種から育てて庭に植えかえて、実を収穫した人がいるけれど、10年近くかかったそうだよ。10年じゃあ、きみたちはもう大人になっているよね。

コップで育てるアボカド

　日に当てて、水をときどきかえるだけで、肥料をやらなくても半年は生きている。種の中に、生き続けるだけの養分をたくわえているんだ。実際にやってみると、植物の生きる力のすごさに驚くよ。

ドリアン 麝香猫果

パンヤ科 *Durio* 属
Durio zibethinus 種
英名 Durian

意見の分かれる果物

　果物の王様とも、悪魔の果物ともいわれるのが、ドリアンだ。とにかくすごいにおいだよ。都市ガスのにおいだとか、腐った玉ねぎのにおいだとか、中にはうんちのにおいだという人もいる。なぜそれが果物の王様なのかというと、とても栄養があるし、好きな人にいわせると、これ以上おいしい果物はないそうだ。自分の田畑や家を売ってでも、食べたいという人もいるらしいよ。悪魔の果物といわれるのもそのためだ。

　ドリアンは、絵のようにするどいとげにおおわれている。このとげはとてもかたくて、話によると、自動車がふむとタイヤがパンクすることもあるそうだ。食べるのは、上の絵の黄色い袋のようなところだよ。やわらかいクリームチーズのような食感で、とてもくせのある味で、甘みも強い。中に大きな種がいくつか入っていて、それを焼いて食べる人もいるよ。とにかく好きな人ときらいな人がこれほどはっきりと分かれている果物は、珍しい。

　日本では今は栽培していない。沖縄で育ててみたけれど、実がならなかったそうだ。日本でときどき売っているのは、東南アジアから輸入しているんだ。

原産地	東南アジア　マレー半島

日本への伝来　沖縄にドリアンの木があるが、実がなることはほとんどない。

収穫量　日本では収穫不可能。世界全体の統計はない。日本に輸入しているドリアンの98％はタイ産。残りはフィリピンから。

ドリアンの花

ドリアンの木
熱帯や亜熱帯では、ときには
40メートル近くの大木になる。

← ものさしのかわり

シンガポールの地下鉄のサイン
罰金の単位はシンガポールドル。
1シンガポールドルは約74円。
(2016年8月現在)

ドリアン禁止

　東南アジアでは、映画館や地下鉄の駅など、人の集まる場所で、こんな看板をよく見るよ。左上から、禁煙、飲食禁止、可燃物禁止、そして右下がドリアン禁止だ。なぜかドリアンだけ罰金がない。ホテルでも、ドリアンを持っていると、玄関でガードマンに追い返される。

　スリランカでぼくが借りていたアパートの冷蔵庫のとびらには、大きな文字で「ドリアンを入れるな」と印刷してあったよ。エレベーターの中にも、ドリアン禁止のサインがあった。

　スリランカの大学でいっしょに働いていた日本人の仲間に、田村さんという人がいた。2人とも単身赴任だから、よく2人で晩ごはんを食べに行っていた。ある日、田村さんから電話があって、ドリアンを買ってみたけれど、1人では食べ切れないから来ないかという。さっそく田村さんのアパートへ出向いた。ドアを開けたとたん、ガスのにおいだ。ドリアンのにおいを知らないぼくが「大変だ、田村さん。ガスもれだ」というと、田村さんは、「ここにはガスは来ていないよ」といって笑った。それから2人でおそるおそる食べはじめたけれど、とにかくくさい。結局、2人で1つを食べ切れなかったんだ。あとでぼくらが出した結論は、話のたねにはなるけれど、わざわざ買ってまで食べるものではない、ということだ。それ以来、ぼくはドリアンを食べていない。

　でもね、好きな人ははまるんだ。同じ日本人の仲間で、ドリアンにはまって、帰国するときどうしても持ち帰りたいと考え、においがほかのものに移らないように中身だけを密閉容器につめ込んで、持ち帰った人がいるよ。外国から日本に植物を持ち込むときは、検疫といって、日本の空港で検査を受けなければならない。植物の病気や害虫が日本に入るのを防ぐためだ。植物の生産国や種類によっては、全面的に持ち込み禁止の植物もある。でも、スリランカからドリアンを持ち込む場合は、その人のように検査を受けて問題がなければ、持ち込めるんだ。

マンゴスチン　茫栗

フクギ科 *Garcinia* 属
Garcinia mangostana 種
英名　**Mangosteen**

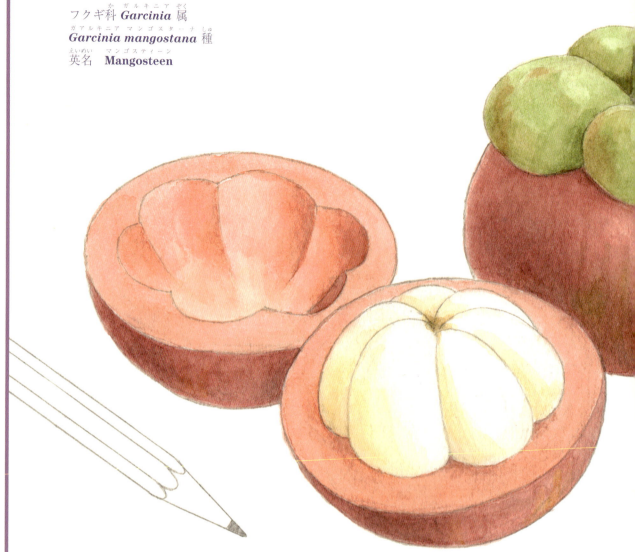

クローン植物

　マンゴスチンは、植物学的には珍しい植物なんだ。世界中をさがしてもたったの1種類しかない。育った環境のせいで、別の品種のように見えるのもあるけれど、原産地の東南アジアで発見されたときからずっと同じものが代々続いてきたんだ。なぜかというと、「単為生殖」といって、雌だけで子孫を作り続けてきたからだ。だからマンゴスチンは雄花も花粉もない。そのくせ種はできる。こういうのを「クローン」というんだ。つまり、世界中のマンゴスチンの木は、同じものなんだよ。へんな植物だなと思うだろう。

　花の正面の6つに分かれた茶色いものは、柱頭といって、めしべの先端だ。本来ならここで花粉を受け取るはずだけど、花粉がないから役立たずだ。柱頭の数は、実の中の白いところの数と同じなんだ。柱頭がついている黄色い球は、これから実になる子房だよ。4枚の花びらのように見えるものは、花びらではなく「がく」というもので、これが緑色のへたになるんだ。

マンゴスチンの花

世界三大美果

　「世界三大美果」とは、世界で最もおいしい3つの果物という意味だ。マンゴスチンはその1つに入っているんだよ。ほかには、チェリモヤという、「森のアイスクリーム」といわれる緑色の果物と、パイナップルだ。パイナップルのかわりに、ドリアンかマンゴーを入れる人もいる。マンゴスチンは、それほどおいしいということだ。甘さとすっぱさのバランスがよく、食感もジューシーでさわやかだからだ。

　これとは別に、マンゴスチンは「果物の女王」ともいわれている。これにはおもしろい話があるんだ。有名な19世紀のイギリスの女王、ビクトリア女王が、マンゴスチンを食べてとても気に入って、「わが領土にはこんなにおいしい果物があるのに、いつも食べられないのは残念きわまりない」と文句をいったそうだ。当時のイギリスは、インドをはじめ世界中に植民地があった。でも、帆船時代だから、生の果物を東南アジアのイギリス領から本国まで運ぶことができなかったんだ。女王が欲しがったので、マンゴスチンのことを「女王の果物」と呼ぶようになった。それがいつのまにか前後が逆転して「果物の女王」になったというお話しさ。だからドリアンの王様に対してマンゴスチンを女王様にしたという話は、ちょっとちがうんだな。

ホテルに持ち込みおことわり

　ドリアンのところで、ドリアンを映画館や地下鉄やホテルに持ち込むのは禁止されている国があるという話をしたよね。じつは東南アジアの国々の高級ホテルの中には、マンゴスチンも持ち込みおことわりのところがあるんだ。くさいからではないよ。マンゴスチンの赤い皮から出る赤い汁は、シーツやカーペットに付くと、なかなか落ちないからだ。だから東南アジアの国々では、昔からマンゴスチンの皮で赤い染料を作ってきたんだ。皮の赤い色がそのまま出るのではなく、淡いピンクや、うすいベージュ色に染まるんだ。上品ですてきな色だよ。だからもしもマンゴスチンを食べることがあったら、皮の汁が服やテーブルクロスやまわりのものに付かないように気をつけたほうがいい。

原産地	東南アジア
日本への伝来	不明

日本では栽培できない。

収穫量
FAOの統計ではマンゴーに含まれ、マンゴスチンだけの統計がない。

マンゴスチンの枝
マンゴスチンの木も、熱帯や亜熱帯ではときには20メートル以上もの大木になることがある。緑色の実がとてもかわいいから、東南アジアでは飾って楽しむ人もいるよ。

マンゴスチンの種

　上の絵は、マンゴスチンの種だよ。でも、食べたあとでこんなにきれいな種が残るわけではない。半透明のゼリーのようなものがからみついて残る。これは表面を水で洗い流した種だ。これも食べる人がいるんだよ。いろんな栄養がたっぷりつまっているけれど、あまりおいしくないそうだ。こんな大きな種は、1つの実の中にふつうは1つか2つしかない。112ページの絵を見ると、白いところが6つに分かれているけれど、全部に大きな種が入っているのではないんだ。大きいのは1つか2つで、あとは、育ちそこなった種のあとのようなものが入っているだけだ。そのまま食べても平気だよ。

　種をまいて、育ててみたらどうか、だって？　残念だけど、難しいだろうなあ。ほとんどのトロピカルフルーツは、日本でも、沖縄や九州や四国などで栽培しているけれど、ドリアンとマンゴスチンだけは、まだ成功していない。お店で売っているマンゴスチンは、全部タイから輸入しているんだ。もしも芽が出たとしても、実がなるまでには育たないだろう。

パッションフルーツ
果物時計草
<small>くだもの とけいそう</small>

トケイソウ科 *Passiflora* 属
Passiflora edulis 種
英名　Passion fruit

ムラサキパッションフルーツ

キイロパッションフルーツ

← ものさしのかわり

果物時計草

　パッションフルーツは、ブラジルやペルーなど、南米の亜熱帯地域が原産の果物なんだ。和名は「果物時計草」だよ。実の中にゼリーのようなつぶつぶがつまっていて、スプーンですくって食べる。甘ずっぱくて、いい香りがするよ。粒の中には、かたくて黒い種があるけれど、いっしょに食べても平気なんだ。かむとプチプチとして、おいしいよ。

　パッションフルーツも、ありふれたかたちをしているね。左下の赤むらさきの絵などは、プルーン（22ページ）の絵だといっても通用するだろう。だから絵を描いていても、あまりおもしろくない。でも、花となると話は別だ。じつにおもしろい姿かたちや、おもしろい色の花がある。だから花を楽しむために栽培している人が多い。はでな色のひげがたくさんついているから、絵かきにとっては手ごわい相手だけどね。でもおもしろい。

10進法の時計

　英語のパッションには、2つの互いに全く関係のない意味がある。「情熱」と「キリストの受難」だ。パッションフルーツのパッションは、あとの意味だよ。花の中心にある、めしべとおしべのかたちが、イエス・キリストが十字架にかけられている姿に似ているからだそうだ。

　日本で時計草と呼んでいるのは、なぜだかわかるね。花のかたちが時計の文字盤にそっくりだからだ。めしべを時計の針とすると、長針と短針、それに、秒針までちゃんとついている。ただし、11時と12時がない。10進法の時計だよ。こんな時計は、実際にはないと思うだろう。ところが、あるんだ。1793年から1805年まで、フランスで使われた革命歴というこよみでは、なんと、1週間が10日、1日が10時間、1時間が100分で、その10進法時間に合わせて作った時計を使っていたんだ。フランスやスイスの時計博物館へ行くと、今でも展示してあるよ。

クワドラングラリス

時計草の仲間は大家族

　時計草の仲間は、「パッションフラワー」といって、世界中に500種以上もあるんだ。果物として食べるパッションフルーツは、その中のほんの一部にすぎない。ほとんどが花を楽しむために栽培していて、種の下の品種となると、数えきれないほど多い。中には上の絵のようなすごい色の花もあるんだ。クワドラングラリス（オオミノトケイソウ）という、食用種だよ。まるで海の「いそぎんちゃく」みたいだね。

　時計草の花の絵は、世界中の、いろんな国の切手にもなっているよ。

原産地	南米の亜熱帯地域
日本への伝来	明治時代
収穫期（日本）	5月～8月
収穫量（2013年）	
日本全体	413.8トン
1　鹿児島県	260.0
2　沖縄県	78.0
3　東京都（小笠原諸島）	53.0
世界統計が見当たらない。	

グリーンカーテン

　パッションフラワーは、日本でも育てて楽しんでいる人がたくさんいる。つる植物だから、長い棒を立てて、ひもやネットを張っておくと、つるをのばしてどんどん登って行くよ。2階ほどの高さにはなるから、「グリーンカーテン」、つまり、絵のような夏の日よけが作れる。あさがおやゴーヤでは見かけるよね。もちろん食用の品種を選べば、実も楽しめる。ただし、もともとは亜熱帯の植物だから、北海道や、東北地方や北陸地方のような寒いところで育てるのは、ちょっと難しいかもしれない。最近は、寒さに強い品種も開発されているけれどね。

　どうだい、園芸店で苗を売っているから、買ってきてやってみないかな？　絵日記をつけておけば、夏休みの宿題一丁あがりだ。プランターでやれないことはないけれど、それだと夏の水やりがたいへんなんだ。できれば露地植えがいい。多年草だから、暖かい地方なら、うまく育てると何年も楽しめるよ。食用の品種なら、毎年実を収穫することもできるんだ。ただし、かなりしっかりと肥料を入れたりして手入れをしないと、おいしい実がならないよ。

ドラゴンフルーツ 火龍果

サボテン科 *Hylocereus* 属
Hylocereus costaricensis 種（赤）
Hylocereus undatus 種（白）
英名　**Pitaya**
　　　Dragon fruit

さぼてんの実

　ドラゴンフルーツは、さぼてんの実だよ。さぼてんと聞くと、乾燥した砂漠に生えていると思うよね。ところがドラゴンフルーツは、もともとは雨の多い熱帯のジャングルで生きてきたさぼてんなんだ。ジャングルで、近くの木に抱きついて、高いところまで登って行くという、つる植物のような習性を持っている。そうでもしないと日光に恵まれないからだ。

　ドラゴンフルーツは、外も中も赤い種、外は赤く中は白い種、外は黄色で中は白い種など、いろんな種がある。品種のちがいではなく、それぞれがちがう種なんだ。中はゼリーのような食感で、絵のように種ごとスプーンですくって食べるんだ。赤いのは、さっぱりとした甘みとわずかな酸味があり、白いのは、酸味が強くてほのかに甘い。皮が黄色いのは、甘みが強く、酸味はない。それぞれがちがう味なんだ。日本では、味がうすいといわれて、人気のない果物だった。東南アジアなどで、日持ちをよくするため、未熟なうちに収穫したのを輸入していたからだ。最近になって、沖縄や九州でも栽培できるようになったんだ。完熟してから収穫した国内産は、まるでちがう果物のようにおいしいよ。たぶんこれから人気が出てくるだろう。

原産地	中央アメリカ、南アメリカ
日本への伝来	不明。最近になって日本でも栽培するようになった。
収穫期（日本）	6月〜10月

収穫量（2013年）

日本全体		188.1トン
1	沖縄県	133
2	鹿児島県	50
3	千葉県	5

世界全体　統計が見当たらない。
メキシコをはじめ、中南米の国々、東南アジア各国、中国南部、台湾、イスラエルなどで栽培している。

ドラゴンフルーツの花

同じサボテン科に、「月下美人」という花がある。新月の夜中にしか咲かないといわれているけれど、あれは迷信だ。でも、夕方咲きはじめて、翌朝にはしおれてしまうのはたしかだ。ドラゴンフルーツの花は、属はちがうけど、その月下美人に似ている。やっぱり夜中にしか咲かないよ。夜中に飛びまわるこうもりに、受粉を助けてもらっているんだ。

支柱を登るドラゴンフルーツ
はじめはひもでくくっておくけれど、やがて茎から根のようなものが出て、自分で支柱にからみつく。支柱の上に出たら、人の手で先端を切る。するとそこからどんどん枝分かれして、右の絵のようになるんだ。

ドラゴンフルーツの栽培

　さぼてんの仲間のほとんどは、多肉植物といって、本体がぶあつい葉っぱのように見える。ドラゴンフルーツも、断面が三角形の葉っぱみたいだ。でも、葉っぱではなく、茎が変化したものなんだ。じゃあ、葉っぱはどうなったのかというと、とげに変化したという説と、とげは小枝が変化したもので、葉っぱは退化してしまったという説がある。
　ドラゴンフルーツは、ほかの大木にからみついて、ときには、10メートル以上の高さまで登ることもある。だから、ドラゴンフルーツを栽培している果樹園では、絵のような支柱を立てて登らせるんだ。花や実は、枝分かれした茎の途中につくんだよ。メキシコやエクアドルなど、原産地の中米の国々では、この茎や花も食べるそうだ。人間はなんでも食べるんだなあ。

スターフルーツ 五歛子
カタバミ科 *Averrhoa* 属
Averrhoa carambola 種
英名　Star fruit

絞り出したかたち？

　スターフルーツはなぜ星形なのか、調べてみたけれど、よくわからないんだ。花が終わったあとの、小さな緑色の子房のときから、こんなかたちだよ。

　植物は「基本数」という数を持っている。基本数とは、花や実を作るときのもとになる数のことで、2、3、4、5、などがある。花びらの数を見ると、その植物の基本数がほぼわかるよ。花びらが6枚の場合は、基本数が3と考えるんだ。柿が四角いのは、基本数が4だからだよ。オクラやスターフルーツは、基本数が5だから五角形になる。わかったのはそれだけだ。

　スターフルーツの原産地は、熱帯アジアと考えられている。今では世界中の暑い国々で栽培しているんだ。日本でも、沖縄県や、宮崎県などで栽培しているよ。甘みは強くないけれど、さわやかな酸味と、なしのようなしゃりしゃりした食感があって、とてもおいしい。輪切りにするときれいな星形だから、サラダの飾りとして使う人もいるよ。皮はむかなくてもそのまま食べられるけれど、とんがった先端の緑色のところは、かたいから取ったほうがいい。

　和名を「ごれんし」というんだ。漢字で「五歛子」。歛は見たこともない漢字だね。多くのものを絞るように集めるという意味だそうだ。そういえば、ショートケーキなどを飾るとき、絞り袋にクリームを入れて絞り出すよね。あれに似ている。わかった！　スターフルーツも、だれかが絞り袋に入れて絞り出したんだ。だからこんなかたちなんだ。　　（うそだよ）

スターフルーツのかたちを描いてみよう

　スターフルーツの切り口より正確な星形を、コンパスと定規だけで簡単に描く方法がある。なぜこうすると、正確な星形になるのかという証明は、中学生でも難しいだろう。でも、描くだけなら、小学生でも簡単にできるよ。考える前に、とにかくやってみよう。

1. まず、定規で水平の線を描くんだ。その上の好きなところに点Aをとる。Aを中心に（Aにコンパスの針をおいて）円を半分描き、水平の線と交わる点をBと決める。次に、Bを中心に同じ大きさの円を半分だけ描こう。2つの円が交わる点、pとqを、直線で結ぶ。2本の直線が交わる点を、Oとするよ。Oを中心に、また同じ大きさの円を描こう。この円の中に、これから正五角形を描くんだ。今描いた円とたての直線の、下の交点を、Cと決めるよ。

2. 中心がAで、Oを通る円を描こう。次にAとCを直線で結ぶと、今描いた小さい円と直線が交わるね。その点をDとしよう。

3. 中心がCでDを通る円を、半分だけ描こう。すると、はじめに描いた大きい円と交わる点、EとFが決まるね。EとFを、直線で結ぶと、これが正五角形の一辺だよ。

4. 中心がEでFを通る円を描くと、大きい円にぶつかる。その点をGとして、EとGを直線で結ぶんだ。同じようにして、FとHを結ぶ線も描こう。GとHを、円のてっぺんと、それぞれ直線で結ぶと、正五角形があらわれる。

5. この正五角形の、それぞれの頂点を、すべて直線で結ぶと、ほら、星形の出来上がりだ。もう1つ、正五角形のそれぞれの辺を長く引きのばすと、すごく大きな星が描けるよ。
人間はこうして簡単に星形を作れるけれど、スターフルーツは定規もコンパスもないのに、どうやって星形を作ったのだろうね。

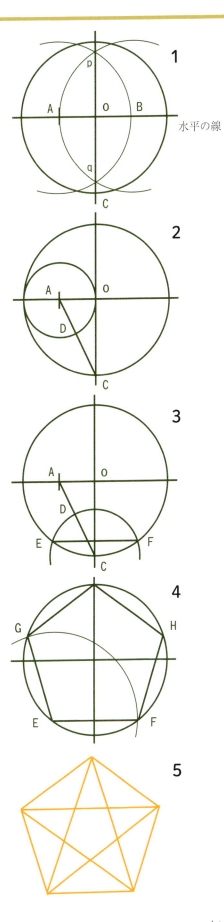

水平の線

かたばみの仲間

　スターフルーツは、「かたばみ」の仲間だ。かたばみは知っているかな。クローバーに似たハート形の葉っぱの野草で、小さな黄色やピンクの花が咲く。芝生や花壇などにはびこって、取っても取ってもまた出てくる、やっかいな草だ。スターフルーツがその仲間だなんて、信じられないよ。スターフルーツは草ではなく、絵のような木だからだ。花のふさ全体のかたちがかたばみの花に似ていないこともない。そういえば、かたばみの種のさやは、オクラを小さくしたようなかたちで、やっぱり断面が五角形だ。でも、葉っぱはぜんぜん似ていないよ。

　スターフルーツの木も、のび放題にしておくと 10 メートル以上の大木になる。だから日本の果樹園では、ぶどう棚のような棚を作って、そこに枝をはわせるんだ。

原産地	熱帯アジア
日本への伝来	18世紀末
	東南アジアから
収穫期（日本）	9月〜11月
年2回収穫可	1月〜3月

収穫量（2013年）

日本全体	26.4トン
1　沖縄県	26.0

宮崎県、鹿児島県などでも
少しだが栽培している。
世界統計が見当たらない。

スターフルーツの花

ジャックフルーツ 波羅蜜

クワ科 *Artocarpus* 属
Artocarpus heterophylls 種
英名 Jack fruit

世界一大きい果物

　これは世界最大の果物として知られている、ジャックフルーツだ。重さが50キロを超えることもある。絵のようなやせた男1人分より重いんだ。もちろん、ギネスブックに認められているよ。和名は「ぱらみつ」だ。実は遠くから見るとドリアンに似ているけれど、ドリアンのようにくさくはない。種のまわりの黄色いところを食べるんだ。甘みが強く、もっちりとした食感で、独特の香りがある。おいしいけれど、1人で半分も食べ切れないだろう。東南アジアでは、未熟な実を野菜として料理に使うことも多い。種は焼くかゆでて食べるとおいしいよ。

原産地	インド、バングラデシュ
日本への伝来	不明
収穫期	不定期
収穫量	日本では少しだが沖縄県、鹿児島県などで栽培している。統計はない。世界統計が見当たらない。

← ものさしのかわり

たぶんこんな感じ
この絵は、実物を見て描いたのではない。スリランカの市場で売っていたジャックフルーツはこのぐらいの大きさだったと、思い出しながら描いたんだよ。50キロのジャックフルーツならこれよりも大きいはずだけど、そんなに大きいのは見たことがないから、わからない。

ジャックフルーツの木
30メートルを超える高さになることもある。実は絵のように太い幹にぶら下がっている。幹と枝の分かれ目にかたまって実っていることもある。ジャックフルーツも幹生果（64ページ）なんだ。

ジャックフルーツの花
これは雌花。まんなかの緑色のものがめしべ。ここがだんだんふくらんで、実になる。雄花はかたちは雌花に似ているけど、雌花とちがって、枝の先に咲くんだよ。トロピカルフルーツにしては珍しく、地味な花だ。

幹にぶらさがる実

　ジャックフルーツの木は、30メートルを超えることもあるんだ。あまりにも高いので、左の絵は、木全体ではなく、上半分を省略して、下半分だけを描いたんだ。絵でもわかるように、実のなりかたがおもしろいよ。枝の先ではなく、太い幹に実がぶらさがるんだ。「幹生果」といって、熱帯では珍しくない。65ページのエジプトイチジクもそうだし、ドリアンも太い枝の幹に近いところに実るから、幹生果といえるんだ。いちばんすごいのは、ジャボチカバというトロピカルフルーツだよ。ピンポン玉より少し小さい、黒むらさきに光る丸い実が、幹全体がかくれるほど密集している。65ページのエジプトイチジクの実を、幹がかくれるほどたくさん描いて、ぜんぶ黒むらさきに光っているように塗ったら、ジャボチカバの絵になるよ。

ココナッツ　椰子

ヤシ科 *Cocos* 属
Cocos nucifera 種
英名　Coconut

ココナッツはやしの実

　最後に、ぼくの思い出に残る、果物やその木との出会いの話を、2つ続けてしよう。

　ココナッツは、「ココヤシ」という植物の実だ。ココヤシは、日本では「やしの木」というほうが通りがいい。南の島の海岸などに生えている、あのやしの木だ。絵の左の緑色の実は、まだよく熟していないココナッツだよ。中に水がたまっていて、南の国ではこれに穴をあけてストローで飲むんだ。道ばたでよく売っているけれど、なまぬるくておいしくない。冷蔵庫で冷やして飲めば、けっこうおいしいよ。実の中の白くてやわらかいところは、ほんのり甘く、しかも、栄養たっぷりだ。右の絵の茶色いのは、よく熟した実だよ。中に水がほとんどない。そのかわり、白いところがぶあつくてかたい。この白いところを干したのはコプラといって、ココナッツミルクやココナッツオイルの原料になる。ココナッツミルクは、東南アジアの料理には欠かせない調味料だ。お菓子の材料にもなる。ココナッツオイルは、食用油を作るほか、せっけんやろうそくの原料にもなるそうだ。さらに、外側のかたい殻は、食器や工芸品などを作る材料になるし、もじゃもじゃの毛は、ごわごわして耐水性にすぐれているから、ロープやたわしなどを作る材料になるんだ。捨てるところがないんだよ。

原産地	推定 ポリネシア
日本への伝来	不明

生産量 (2013 年)

日本全体　　　　　統計がない。
日本では沖縄県と小笠原諸島
でしか生育しない。

世界全体	6218.5万トン
1　インドネシア	1830.0
2　フィリピン	1535.3
3　インド	1193.0

やしの花

　やしの花は、とうもろこしの雄花やすすきに似ているよ。でも、つぼみのときは、上の絵のような緑色の「さや」に入っているんだ。時がくるとさやが割れて、小さな黄色い花がふさになってたくさん咲くんだ。右の絵は、そのうちの1輪だけが咲いているのを、大きくして見たところだよ。左の絵は、花が終わって、小さな実がたくさん育ちはじめたところだ。もちろん全部が大きく育つのではない。このうちのほんのいくつかだけが生き残って、つぎのページの絵のように、大きな実になるんだ。ふつうは実がまだ緑色のうちに収穫するけれど、道ばたや海岸に自然に生えている木は、実が熟して茶色になると、風もないのに、自然に落ちてくる。スリランカにいたとき、実がなっているやしの木の下では、絶対に立ち止まってはいけないといわれたよ。大けがをするどころか、頭に当たると死ぬこともあるそうだ。

木ではない？

この絵は、どう見ても「木」だ。ふつうは「やしの木」というよね。でも、草だという人もいる。バナナも、つぎに話すパパイアもそうだ。何が木で、何が草かは、学者の間でも意見が分かれていて、とても難しいんだ。

縄田先生に聞いたら、植物学的には茎の組織が木質化した多年生植物が木で、一年生植物か多年生植物かを問わず、茎の組織が木質化しない、つまり茎がやわらかい植物が草なのだそうだよ。縄田先生の話では、学者が学問的な話をするときは、厳密な区別が必要なこともある。でも、ぼくたちがふだん話をするときは、常識的に、背丈が高くて、幹がかたいのが木で、比較的低くて、茎がやわらかいのが草と考えていいだろうという話だ。つまり、ぼくたちはあまりかたくるしく考えなくてもいいということさ。

やしの実の歌[注]

島崎藤村という人が作詞した、「やしの実」という古い歌がある。有名な歌だけど、今の言葉とは少しちがうから、難しい。こんな歌詞だ。

名も知らぬ　遠き島より
流れ寄る　やしの実一つ
ふるさとの　岸を離れて
汝はそも　波にいく月
もとの樹は　生いや茂れる
枝はなお　影をやなせる
われもまた　なぎさを枕
ひとり身の　浮き寝の旅ぞ
実をとりて　胸にあつれば
新たなり　流離のうれい
海の日の　沈むを見れば
たぎり落つ　異郷の涙
思いやる　八重の汐々
いずれの日にか　国に帰らん

（漢字も仮名遣いも、原詩通りではない）

歌詞の意味
名前も知らない遠い島から流れついたやしの実一つ。ふるさとの岸を離れて、おまえはいったい何カ月波にただよっていたのだ。もといた木は生い茂っているだろうか。枝は今も影を作っているだろうか。私（作詞者）もまた、波の音をまくらに、一人で放浪の旅をしている。やしの実を拾って胸に当てると、あらためてさまよっているのがとても不安だ。海に日が沈むのを見ると、外国にいるさびしさで、涙がわき落ちる。何重にも重なる潮の流れ（これまで越えてきた苦労）のことを思い出す。いつかは国に帰ろう。

　やしの木は、熱帯や亜熱帯の海辺に生えていることが多い。実が熟して落ちると、この歌のように海流に乗って遠くの島まで行って、そこで芽を出して子孫を増やす。ときには広い海に浮かんだまま芽を出すこともあるんだ。それでも、どこかの海岸にたどりつくと、そこに根を下ろして生き続ける。まさに遠いふるさとの島から海流に乗って流れ寄るんだよ。そしてその子どもは、また海の旅に出る。

　スリランカの海岸に、やしの木がたくさん生えていた。あるとき、海岸を散歩していたら、砂の上に灰色の実が１つ、ころがっているのを見つけたんだ。そのときぼくは、とっさにこの古い歌を思い出した。そして歌にあるように、やしの実に話しかけた。「おれもおまえと同じなんだ。いつになったら日本の家族のもとに帰れるのだろう」ってね。

注：1900年に詩人で小説家の島崎藤村が発表した詩に、1936年に大中寅二が作曲してできた歌。

パパイア　蕃瓜樹　木瓜

パパイア科 *Carica* 属
Carica papaya 種、
英名 Papaya、Pawpaw

青パパイア

サンライズソロ

カポホソロ

パパイアは草？

　パパイアも、右の絵のように、どう見ても木だよね。でも、本当は草だよ。幹にはうろこのようなでこぼこがあって、幹の中は空洞なんだ。しかも、草だから成長が早い。種をまくと、早ければ半年で実がなるんだ。そして数年で10メートルを超えることもある。木は、枯れても幹が残るけれど、パパイアは、枯れると幹も倒れて腐ってしまう。明らかに木とはちがう。

　実を収穫するときがおもしろいんだ。子どもでもお年寄りでも、ロープも何も使わずに、幹のうろこを足がかりにして、あっというまに登ってしまう。そして、下で布をひろげて待ちかまえている仲間めがけて、上から落とすんだ。右の絵ほどの実の数なら、登りはじめてから降りてくるまでに、10分もかからないよ。

　フィリピンや、縄田先生がよく行くタイでは、果物としても食べるけれど、野菜として料理して食べることが多いそうだよ。上に描いた緑色のまだ未熟な実を、サラダにしたり、ほかの食材といっしょに油いためにしたりして食べるんだ。そういえば、スリランカにもパパイアのカレー料理があった。未熟な実は、料理すると意外にさっぱりとしていて、おいしかったよ。

パパイアの種はわさびの味
よく熟したのは、しつこい甘さがある。皮と種を取って中の黄色いところだけを食べる。種はふつうは食べないけれど、かむとわさびの味がする。

原産地	メキシコ南部 西インド諸島
日本への伝来	明治時代
収穫期（日本）	10月〜11月
収穫量（2013年）	
日本全体	153.0トン
1　沖縄県	88.0
2　宮崎県	36.0
3　鹿児島県	28.0
世界全体	1242.1万トン
1　インド	554.4
2　ブラジル	158.3
3　インドネシア	87.1

日本は万トンではなくトン。

生きることは美しい

　沖縄県の宮古島という島に、「ユートピアファーム宮古島」という農園がある。大きな温室の中で、トロピカルフルーツや珍しい植物を栽培している。この絵は、その温室で育てているパパイアだよ。「倒伏栽培」といって、若いときに根の片側を切って、横倒しにして、上にのびないように何かで押さえつけておくんだ。まっすぐ上にのびると、温室の天井につかえてしまうからだ。それでもちゃんと葉が茂って、たくさん実をつけるそうだ。これを見た人は、気味が悪いとか、グロテスクだとか、かわいそうだとか、いろんなことをいうそうだよ。

　ぼくはこのパパイアを、美しいと感じるんだ。なぜなら、一生懸命生きているからだ。根を半分切られて、横倒しにされても、残った根で養分を吸い上げて、懸命に生きている。そして子孫を残すために、やがて実をたくさんつける。倒されても押さえつけられても、したたかに生きている姿は、いのちの美しさそのものだ。

　今、世界では、大勢の人たちがこのパパイアと同じような目に合わされながら、たくましく生きている。その中には、子どもたちもたくさんいて、このパパイアのように、生きることのすばらしさ、美しさを、ぼくたちに伝えてくれているんだ。

　きみもいつかどこかで、このパパイアの木のように、一生懸命生きている木に出会うことがあるかもしれない。そのとき、きみは何を感じるかな。

パパイアの花

さて、これで縄田先生とぼくの話は終わりだ。残念ながら、いのちの美しさを十分に伝えた絵やお話しだとはいえないかもしれないけれど、一生懸命やったつもりではいる。どうだい、どこかで「へえー、なるほど。知らなかったな」と思ってもらえただろうか。もしそうなら、縄田先生もぼくも、この本を作った人たちみんな、とてもうれしいんだけどな。

本書を手にとっていただいた保護者の皆さまへ

　私が子どものころは、阪神間という都市部にもかかわらず、学校の行き帰りに、露地植えのいちごやすいかなどをよく目にしたものです。柿や梅やいちじくなど、果物の木を庭に植えている家もよくありました。しかし、都市近郊に畑が少なくなった今は、子どもたちは木や草に実っている果物を目にすることはほとんどありません。収穫後の果物を見るだけですし、その花は、おそらく知らないでしょう。子どもばかりか、大人でもそうなのかもしれません。

　果物がどのようにして育つかを知らなくても、日常生活には何の支障もなく、また、知ろうともしません。でも、このような身の回りの小さなことに、「これはどうして育つのだろう」と興味を持ち、「なぜこんなかたちなのだろう」と疑問を抱き、もっと知りたくなることが、子どもが持っている大きな潜在能力を引き出すきっかけになるのだと思います。

　この「知りたくなるように働きかける」ことこそ、保護者の方々をはじめ私たち大人の仕事であり、子どもに託す夢です。そこで、同じ趣旨で書いた「絵で見るシリーズ」の一冊目の、『調べてなるほど！　野菜のかたち』に続いて、この本を書くことにしたのです。子どもたちには、この本から単にその場かぎりの豆知識を得るだけではなく、この本をきっかけにして、「もっと知りたくなる」ことを、そして「もっと調べたくなる」ことを、願っております。

　しかし、子ども向けの絵本を作ることが、これほど難しいとは思いませんでした。まず、このような大人びた絵で、はたして子どもが喜んで見てくれるだろうかと悩みました。難しい専門用語を、どう子どもにわかりやすく説明するのかにも、悪戦苦闘いたしました。それらの難題について、多くの方々のご指導とご協力がなければ、この絵本はできていません。

　監修をしていただいた京都大学の縄田栄治先生をはじめ、植物画への門戸を開き、今もなお厳しく教えてくださっている高木唯可先生、懇切に指導してくださったメディカ出版編集局の皆さまに、この場を借りて厚く御礼を申し上げます。

2016年8月　柳原明彦

参考文献

1）北村四郎ほか．原色日本植物図鑑：木本編1．保育社，1971，538p．
2）北村四郎ほか．原色日本植物図鑑：木本編2．保育社，1979，630p．
3）北村四郎ほか．原色日本植物図鑑：草本編1．保育社，1957，378p．
4）北村四郎ほか．原色日本植物図鑑：草本編2．保育社，1961，470p．
5）北村四郎ほか．原色日本植物図鑑：草本編3．保育社，1964，580p．
6）農林水産省．作物統計：作況調査 確報（統計表一覧）．〔URL　http://www.maff.go.jp/j/tokei/kouhyou/sakumotu/sakkyou_kazyu/index.html〕．
7）国際連合食糧農業機関（ＦＡＯ）統計データ．〔URL　http://www.fao.org/japan/jp/〕．
8）果物情報サイト「果物ナビ」．〔URL　http://www.kudamononavi.com/〕．

著者プロフィール

柳原明彦（やなぎはら・あきひこ）

植物イラストレーター

1937 年生まれ
1962 年　京都工芸繊維大学工芸学部意匠工芸学科卒業
1963 年　米国コネティカット州ブリッジポート大学工学部工業デザイン学科卒業
1963 年　同学科 専任講師（工業デザイン）
1968 年　京都工芸繊維大学工芸学部意匠工芸学科 専任講師（工業デザイン）
1976 年　文部省在外研究員として ドイツ・ハンブルク工芸大学で研究
2001 年　京都工芸繊維大学工芸学部造形工学科 教授（プロダクトデザイン、クラフトデザイン）
　　　　を定年退官　　現在　同大学名誉教授
2002 年　英国 ブライトン大学美術学部 客員教授
2003 年　スリランカ モラトワ大学建築学部デザインコース 客員教授
　　　　（国際協力事業団〈JICA、現 国際協力事業機構〉派遣ボランティアとして）

監修者プロフィール

縄田栄治（なわた・えいじ）

京都大学大学院農学研究科教授

1955 年生まれ
1977 年　京都大学農学部農学科卒業
1979 年　同 大学院農学専攻修士課程修了
1981 年　同 大学院博士課程中途退学
1981 年　京都大学農学部 助手（熱帯農学）
1983 年　国際協力事業団（JICA、現 国際協力事業機構）派遣専門家として、
　　　　タイ カセサート大学滞在（〜1984 年）
1992 年　京都大学農学部 助教授（熱帯農学）
1997 年　京都大学大学院農学研究科 助教授（熱帯農業生態学）
2007 年　同 教授（熱帯農業生態学）

絵で見るシリーズ
調べてなるほど！ 果物のかたち

2016年10月1日発行　第1版第1刷

監　修　縄田 栄治
著　者　柳原 明彦
発行者　長谷川 素美
発行所　株式会社 保育社
　　　　〒532-0003
　　　　大阪市淀川区宮原3-4-30
　　　　ニッセイ新大阪ビル16F
　　　　TEL 06-6398-5151　FAX 06-6398-5157
　　　　http://www.hoikusha.co.jp/
企画制作　株式会社メディカ出版
　　　　TEL 06-6398-5048（編集）
　　　　http://www.medica.co.jp/
編集担当　中島亜衣／利根川智恵／二畠令子
装　幀　株式会社明昌堂
印刷・製本　株式会社シナノ パブリッシング プレス

© Akihiko YANAGIHARA, 2016

本書の内容を無断で複製・複写・放送・データ配信などをすることは、著作権法上の例外をのぞき、著作権侵害になります。

ISBN978-4-586-08562-0　　　　Printed and bound in Japan